混合動力車的理論與實際

林振江、施保重　編著

全華圖書股份有限公司

序　言

環境保護是促進近年來汽車科技快速進步的最大原動力。由於人類對環保意識抬頭，車輛環保法規的訂定日趨嚴格，促使汽車製造廠商不得不採取各種必要因應的措施，例如汽油引擎改採電子控制燃料噴射系統，柴油引擎採用共管(Common Rail)噴射系統，以符合現階段的環保要求。但是要能符合未來的環保要求，開發超低污染的車輛是勢在必行，而電動汽車則成為大家寄望的目標。

到目前為止，續航力不足及電瓶的壽命不長仍是電動汽車發展上的最大致命傷，有待克服。然而對於環境保護的要求是不會等待的，因此結合電動汽車及引擎汽車兩者動力系統優點的混合動力車就是因應這樣的需要而誕生。

全球第一部正式在市場上推出的混合動力車是由豐田汽車在1997 年 10 月發表的 Toyota Prius，而本田汽車也接著在 1999 年 11月正式對外銷售另一部混合動力車 Honda Insight，所以學習混合動力車的相關知識已刻不容緩。為了能讓讀者完整地學習到混合動力車的知識，本書除了基本的系統構成及作動原理外，也針對各主要汽車製造廠商的混合動力車做詳盡的介紹，內容如下：

第一章是混合動力車的發展背景、優缺點，混合動力系統的型式及分類。

第二章是混合動力系統的構成及作動原理。

第三章是針對 Toyota Prius 做完整的介紹。爲了讓大家對 Toyota Prius 這一部混合力車能有更深入的瞭解，我們特別將本章分成四大部份，以條列式的方式配合圖片來說明。第一部份是環保概念車，內容包括安全配備，以及從環保觀念著眼的車型、內裝設計等；第二部份是 Toyota 混合動力系統(THS)的構成及作動原理；第三部份是車輛的行駛性能及燃油消耗；第四部份是問題提問與回答(FAQ)。

第四章是日產汽車(Nissan)的混合動力車 Tino。

第五章是本田汽車(Honda)的混合動力車 Insight，Insight 是並聯式單軸配置型混合動力系統的重要代表車款。

第六章說明包括三菱(Mitsubishi)、大發(Daihatsu)、鈴木(Suzuki)、及速霸陸(Subaru)等各車廠的混合動力車。另外，在本章中特別加入 Toyota THS-C 四輪傳動的混合動力系統的介紹。

藉由本書的出版，筆者希望能將新的汽車科技介紹給讀者，並對有心瞭解電動汽車及混合動力車的讀者能有所助益。筆者才疏學淺，書中若有訛誤或不足之處，尚請專家及先進不吝指正。

林振江、施保重

編 輯 部 序

　　「系統編輯」是我們的編輯方針，我們所提供給您的，絕不只是一本書，而是關於這門學問的所有知識，它們由淺入深，循序漸進。

　　為追求更潔淨的生活，近年來在電動汽車的發展可謂不遺餘力，但因現今電池續航力問題未能有效的克服，過渡型的混合動力車便成為因應環保意識高漲的新寵。

　　作者由混合動力車的發展背景，各廠混合動力系統發展的差異，作動原理的描述...等方面，逐步引領讀者深入混合動力車的領域。對於關心汽車科技發展的您，相信能拓展您的視野。
適合二技一年級、四技三年級及二專二年級汽車相關科系等已具電機概念之學生或汽車相關從業人員選讀自修之用。

　　同時，為了使您能有系統且循序漸進研習相關方面的叢書，我們以流程圖方式，列出各有關圖書的閱讀順序，以減少您研習此門學問的摸索時間，並能對這門學問有完整的知識。若您在這方面有任何問題，歡迎來函連繫，我們將竭誠為您服務。

相關叢書介紹

書號：06285
書名：內燃機
編著：吳志勇、陳坤禾、許天秋
　　　張學斌、陳志源、趙怡欽

書號：03118
書名：汽車專業術語詞彙
編著：趙志勇

書號：05677
書名：現代柴油引擎新科技裝置
編著：黃靖雄、賴瑞海

書號：06270
書名：固定翼無人飛機設計與實作
編著：林中彥、林智毅

書號：05569
書名：現代汽油噴射引擎
編著：黃靖雄、賴瑞海

◎上列書價若有變動，請
　以最新定價為準。

流程圖

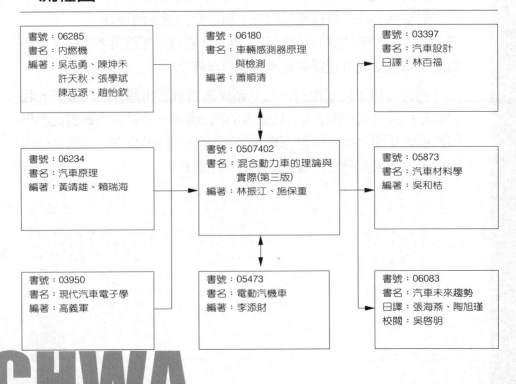

書號：06285
書名：內燃機
編著：吳志勇、陳坤禾
　　　許天秋、張學斌
　　　陳志源、趙怡欽

書號：06180
書名：車輛感測器原理
　　　與檢測
編著：蕭順清

書號：03397
書名：汽車設計
日譯：林百福

書號：06234
書名：汽車原理
編著：黃靖雄、賴瑞海

書號：0507402
書名：混合動力車的理論與
　　　實際(第三版)
編著：林振江、施保重

書號：05873
書名：汽車材料學
編著：吳和桔

書號：03950
書名：現代汽車電子學
編著：高義軍

書號：05473
書名：電動汽機車
編著：李添財

書號：06083
書名：汽車未來趨勢
日譯：張海燕、陶旭瑾
校閱：吳啓明

目　錄

第 3 章　TOYOTA PRIUS

第 4 章　日產混合動力車

第 5 章　本田混合動力車

第 6 章　其他混合動力車

HYBRID ELECTRIC
VEHICLES

1 混合動力車概述

1-1　概　述

因為環境問題，汽車新技術的開發完全都是著重在環保問題上，包括空氣污染防制，節省資源，提高資源回收率等各方面，其中最緊急的課題就是如何**防制空氣污染**，尤其是要減少地球溫室效應的元凶 **CO_2(二氧化碳)的排放量**(圖 1-1)。減低 CO_2 的排出量是世界各國的公約，也是國際車應俱備的基本資格。換句話說，二十一世紀的汽車技術的關鍵字就是「環境」，正確地說就是開發環境負荷較小的汽車。現在如果沒有環保的技術，汽車廠商恐怕就很難生存了。既然「環保技術」已成為了左右汽車廠商能否存續最為重要的關鍵，世界上的各汽車廠商無不全力集中在**環保技術**的發展上。

在削減 CO_2 排出量的技術上，主要是從減輕車重和減少動力源污染這兩方面來著手。在減輕車重的技術方面包括了小型化，新材料、新車體的開發及電路的改善...等等；在減少動力源污染的技術方面，大致可分為減少現在主要動力來源的引擎之油耗，和開發新的動力來源兩大部份。以下就是對減少動力源污染的技術開發做一簡單說明。

新的動力來源為電能，但是不會排出廢氣的理想純電動車(PEV＝Pure Electric Vehicles：純電動汽車)，因為動力來源的電瓶之續航距離及充電時間的問題，車輛又有價格方面的問題，到目前為止都不符實際需要，要普及化有困難。雖是如此，但純電動車仍就會是未來環保技術最終的目標。

電瓶技術是突破純電動車續航力受限的關鍵，也就是純電動車成功與否關鍵所在。隨著各種電瓶的陸續開發成功，至目前為止較重要的有鎳氫電池，鋰離子電池及燃料電池(Fuel Cell)，其中又以燃料電池的開發成功，可解決純電動車了續航力問題，讓純電動車的普及化露出一道的曙光，世界各主要車廠也都相繼地投入燃料電池電動車(FCEV)的相關技術開發，例如供應燃料電池所需燃料的燃料轉換裝置等。但現今(2001 年)預估燃料電池電動車實用化仍約需要十年時間，也就是到約 2010 年左右相關技術才能成熟，在到達這個長期目標之前，能大幅節省汽車油耗仍須積極進行，因此現階段世界的趨勢是大幅減低汽車引擎污染比開發無污染車(如 PEV)優先，包括稀薄燃燒引擎、汽油直接噴射引擎(GDI、D4、NEO-Di)、Atkinson循環引擎、替代燃料引擎(如 CNG)，以及混合動力系統(Hybrid System)等技術的開發(如圖 1-2)。因為將電能轉變成動力的馬達，可以和引擎互補缺點，具有能有效地降低油耗的優點混合動力系統已經逐漸成為近年來轎車上發展的主力之一。

　　自從 1997 年 10 月 TOYOTA 發表 PRIUS 混合動力車，一舉實現了混合動力系統以來，各汽車製造商為了不讓 TOYOTA 獨領風騷，無不急起直追，在各公司之間已引起混合動力系統正式化之風雲。HONDA INSIGHT已從 1999 年 11 月正式在市場上銷售、而 NISSAN TINO 則在 2000 年 4 月起透過綱路先行試售 100 台，接下來其他廠商推出的機率也很高，今後，預測將會有和 PRIUS、INSIGHT 及 TINO 等不同系統架構及性能的混合動力車出現。

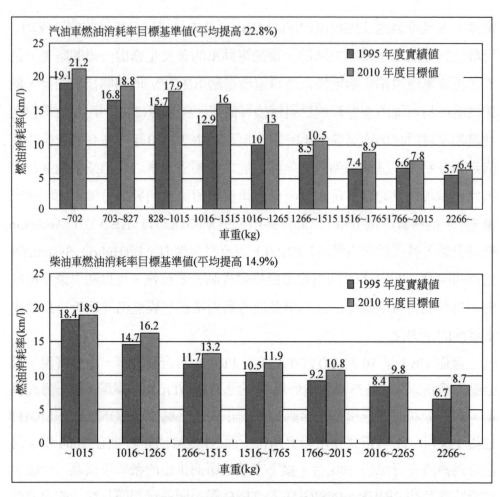

圖 1-1 日本對於削減汽車 CO_2 排放量的具體設定目標

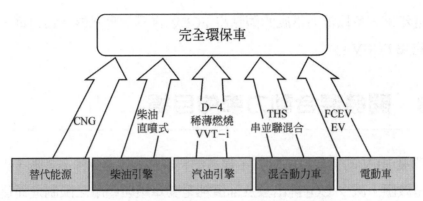

圖 1-2　TOYOTA 削減 CO_2 排放量上的因應對策

1-2　什麼是混合動力車

那什麼是混合動力系統(Hybrid system)呢？什麼又是混合動力車呢？將兩種或兩種以上特性不同的動力源結合在一起使用所構成的系統叫做混合動力系統，採用混合動力系統的車子就叫做混合動力車。就汽車的實際應用而言，混合動力系統是由汽油或柴油或其他替代燃料引擎與純電動車的電瓶馬達兩個動力源組合而成，所以，目前發展出來的混合動力車一般通稱為混合動力電動車(Hybrid Electric Vehicles，簡稱 HEV)，屬於電動車的一種。

因為電動車實質上包括了只使用電瓶及馬達的電動車和 HEV 等，本書為了能有效區分兩者的不同，對於只使用電瓶及馬達的電動車通常都會以純電動車來稱之，或簡稱為 PEV，而"電動車"這個名詞則是 PEV 和 HEV 它們的泛稱，至於 PEV 中燃料電池電動車(FCEV)，若有需要提及，則會加以指明。

註：近年來，多以電力供應的觀點將 FCEV 視爲並聯式混合動力車，並稱
　　它爲 FCHV。

1-3　開發混合動力車的目標

　　開發 HEV 的主要目的是爲了提高燃料經濟性，達到節省能源，防止地
球溫室效應，減少 CO_2 排出量及補償純電動車續航距離之限制進而達成環
境清潔的目標，就以已在市場銷售的 TOYOTA　PRIUS 混合動力車爲例，
其發表的數據與現有同級的汽油車來比較，燃料消耗及 CO_2 排出量可減少
二分之一，$CO/HC/NO_x$ 之排出量降到約爲標準值之十分之一，因此 HEV
確實是有效的環保先進技術，也是目前用以突破現有純電動車駕駛里程受
到限制的一項科技。

1-4　混合動力車的優缺點

　　我們都知道排放廢氣造成空氣污染是目前車子使用引擎的最大缺點，
因此開發出不會造成空氣污染車子成爲了各汽車廠發展的重要課題，純電
動車因具有下列的優點，開發純電動車就成爲了各汽車廠的首要目標。

(1) 利用電力，所以行駛中不會排出廢氣，造成空氣污染。

(2) 驅動馬達行駛，不會發生有汽車引擎的振動及噪音。

(3) 和使用引擎的汽車不一樣，可以回收減速時的能源。

(4) 汽油、柴油等燃料只能由石油製造，但是電力可以從石油以外的
　　各種能源製造出來。

然而，在純電動車在開發上卻遭遇相當多的困難，在逐一克服之後，現階段仍有下列問題存在，而這些問題正是電動車的缺點所在：

(1)　續航距離短，乘載量少，所以用途有限。

(2)　電池價格高，車輛價格也增加。

(3)　充電耗時麻煩。

(4)　充電設備不足。

　　由於純電動車有上述的缺點，在短期內要克服這些問題並不是很容易，解決環境問題更不能有所停頓，因此在克服這些純電動車問題之前必須要有其他的解決方案，在這樣的前提之下，結合引擎汽車和純電動車而成的混合動力車因而誕生了。混合動力車的優缺點如下：

◆　混合動力車的優點

1.　能有效節省燃料消耗，減低空氣污染。

2.　沒有續航力不足問題。

3.　需用的電瓶容量較電動車小，電瓶可小型輕量化(重量約為電動車的1/5~1/10)，電瓶的充電狀態的管理較為容易，電瓶的價格也較為便宜。

4.　沒有充電耗時及充電設備不足的問題。

5.　和電動車一樣，可以回收減速時的能源。

6.　具有暫停引擎怠速運轉的功能。

◆　混合動力車的缺點

1.　混合動力系統構成複雜，維修困難。

2.　價格較汽油車昂貴。

3.　相較於電動車，仍有廢氣排放的問題。

　　雖然混合動力車仍有缺點存在，但在 FCEV 成功開發之前，在環境保護的要求下，勢必會成爲汽車上使用主流，就如同過去的燃料噴射系統一樣。

1-5　混合動力系統的種類

　　混合動力系統通常是依照動力傳輸方式來分類，基本上可分爲串聯式、並聯式兩大類，重要的基本組成元件包括引擎、電瓶(高壓電瓶)、馬達等，如圖 1-3、1-4 所示。並聯式依照動力連結的置配方式可又分爲單軸配置型、雙軸配置型及分離配置型等三種型式。單軸配置型以 HONDA INSIGHT 的混合動力系統(IMA)爲代表，雙軸配置型以 TOYOTA PRIUS(THS)、NISSAN TINO(NEO-HS)爲代表。

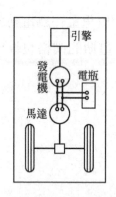

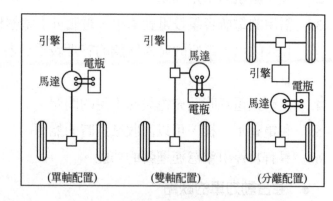

圖 1-3　串聯式 Hybrid 系統概念圖　　　圖 1-4　並聯式 Hybrid 系統的型式及概念圖

　　在馬達方面，和 PEV 一樣混合動力系統可以使用直流馬達或交流馬達，但基於在能源的運用上以交流具有較高效率，因此在實際上均使用交流馬達爲主，不過其控制系統較爲複雜，如圖 1-5、1-6。

1-5-1 串聯式混合動力系統

串聯式是由引擎驅動發電機運轉,再由發電機產生之電力供給馬達來驅動車輪行駛,同時可充電至電瓶。它之所以稱為串聯式是因為驅動車輪的動力在傳輸上只有這一條路徑。

因串聯式的引擎是僅為驅動發電機而配置,車輛之驅動力是由馬達來獲得,不是直接由引擎來驅動,因此適合使用小馬力之引擎,並在電瓶能有充分充電的原則下,讓引擎在最佳效率範圍內做定速運轉(取其優點),亦即當系統運作時,引擎幾乎都是維持在高效率的範圍內連續運轉。雖然使用串聯式的方法能讓引擎在最高效率的狀態下運轉,但是它卻需要一個比並聯式系統更大、更重的馬達。

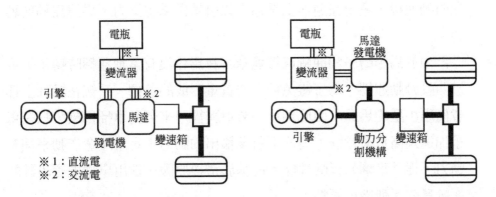

圖 1-5 使用交流馬達的串聯式 Hybrid 系統　　圖 1-6 使用交流馬達的並聯式 Hybrid 系統

1-5-2 並聯式混合動力系統

並聯式的驅動力可由引擎及馬達這兩個並聯的動力源獲得，並且可配合行駛狀況分別單獨使用或同時使用，具有互補作用，當然亦可以一邊使用引擎驅動車輛行駛的同時，一邊由引擎帶動馬達運轉發電(發電機功能)將電力充至電瓶。由於並聯式具有能依行駛狀況來使用引擎和馬達的優點，可以使用馬力較小的引擎(排氣量減少)，因此目前已成為二輪驅動(2WD)車使用的主流，如 TOYOTA PRIUS、NISSAN TINO、HONDA INSIGHT 等。

1. 單軸配置型

此型的混合動力系統是將馬達安裝在引擎飛輪位置上，轉子直接和曲軸連接，系統在運作上是通常以引擎做為主動力，馬達為輔助動力。

由於馬達轉子和曲軸直接連結，在馬達沒有啟動運轉時轉子仍會被曲軸帶動運轉，為了避免轉子的質量形成的負擔，系統在設計上都會使用小型的馬達，因此馬達不會單獨被用來驅動車輛行駛，只在車子加速及高負荷行駛等情況下引擎輸出的動力不足時才會作動來補充動力，提升車輛的行駛性能。而基於這樣原因，採用單軸配置設計的系統具有下列幾項優點：

(1) 馬達和引擎之間不需要裝設連結分離動力的動力分割機構。

(2) 功率小的馬達，體型小、重量輕，可以使用電壓較低、容量較小的高壓電瓶做為能量來源，具有能有效減輕重車及不佔空間的優點。

(3) 馬達功率小，在不需要輸出動力時適合做爲發電機使用，系統上不需要另外裝設發電機，引擎上也可以不需裝設12V系統的發電機。

有關單軸配置型請參閱第五章本田混合動力車之說明。

2.　雙軸配置型

　　並聯式混合動力系統採用雙軸配置的車輛，引擎和馬達動力必須透過動力分割機構來輸出，動力分割機構則是依據混合動力控制電腦的指令使引擎和馬達輸出軸連結或分離。爲了節省空間，通常馬達和動力分割機構都會與變速箱做成一體。

　　引擎和馬達之間可以透過動力分割機構連結或分離，若要使用大型的馬達，系統採用此型並聯式之設計是很適合的，不過因馬達功率大，除了回生煞車之外，並不適合做爲發電機使用，因此系統通常會另外設置一個功率較小的發電機來對高壓電瓶充電。至於引擎及馬達的動力則是依照行車狀況及兩者的優缺點來個別單獨使用或同時使用。

　　不論是串聯式或並聯式都各自有其優點存在，爲了能有效地節省燃料的消耗，在實際應用上有所謂的串並聯式混合動力系統出現，TOYOTA PRIUS 實際上就是採行這種架構。串並聯式系統基本架構上和雙軸配置型的並聯式系統是完全一樣的，動力系統運作的狀態則是透過電腦控制的方式來加以變換，由於這種系統並不會單獨以串聯方式運作，換言之，運作上仍是並聯方式，我們可將它視爲一種具有串聯式功能的並聯式系統，所以一般在分類上仍被歸類爲並聯式。

3. 分離配置型

分離配置型混合動力系統(Split Hybrid System)是主要是使用在四輪驅動(4WD)車上，如圖 1-7 所示，前後輪的驅動可使用引擎或混合動力系統和電動馬達。以 TOYOTA ESTIMA 上的 THS-C 爲例，它是一種前輪使用混合動力系統驅動，後輪使用電動馬達驅動的 4WD 系統，由於這種 4WD 系統具有一項特徵，就是沒有使用傳動軸(propeller shaft)和加力箱(transfer)，所以有人稱它爲電子式 4WD。

另外電動車也有類似分離式混合動力系統之設計，這種車子在實際上是在電動車上加裝引擎的一種型式，引擎只在高壓電瓶電力不足時使用，其目的在於使車子具備回航功能，所以通常是採用小馬力引擎。

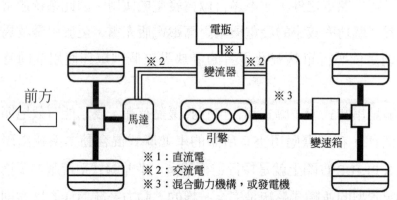

圖 1-7 分離配置型並聯式 Hybrid 系統(使用交流馬達)

1-6　混合動力系統的命名

　　和噴射系統一樣，各廠家在爲混合動力系統都是依照其廠家名稱、系統特色來加以命名，例如豐田汽車將其混合動力系統命名爲TOYOTA HYBRID SYSTEM(豐田混合動力系統)，簡稱爲 THS。有關各主要廠家的混合動力系統命名及其型式如表 1-1 所示，由表中我們可以發現，並聯式雙軸配置型是混合動力系統主流型式，其它型式較少被採用，尤其是串聯式可說是沒有廠家採用。

表 1-1　日本主要廠家的混合動力系統命名及型式一覽表

廠牌	混合動力系統		主要搭載車款
	名稱	型式	
TOYOTA(豐田)	THS	並聯式雙軸配置型	PRIUS
	THS-C	並聯式分離配置型	ESTIMA
	THS-M	並聯式雙軸配置型	CROWN
NISSAN(日產)	NEO-HS	並聯式雙軸配置型	TINO
HONDA(本田)	IMA	並聯式單軸配置型	INSIGHT
MITSUBISHI(三菱)	GDI-HEV	並聯式雙軸配置型	SUW ADVANCE
DAIHATSU(大發)	EV-H	並聯式雙軸配置型	MOVE
SUBARU(速霸陸)	SHPS	並聯式雙軸配置型	ELTEN CUSTOM

HYBRID ELECTRIC
VEHICLES

2 混合動力車

2-1 概 述

在前一章中已經提到過 HEV 的發展背景，也瞭解到 PEV 除了續航力之外，其餘的相關技術都已臻成熟，因此 PEV 上所使用的技術及產品有很多就成為 HEV 開發的基礎。本章的主要目的就是經由本章之說明後，能夠清楚地瞭解到 PEV、HEV 在構成上之異同及主要元件的構造原理。

2-2 HEV 動力系統之基本構成概要

雖然混合動力系統構成會因為型式的不同而有所差異，但無論是哪一型式，基本上它們都可以分為動力裝置、高壓電瓶及控制系統等三大部份。其中，動力裝置的主要元件包括引擎、馬達、發電機、變速箱、動力分割機構等，控制系統則有混合動力 ECU、、引擎控制系統、馬達 ECU，電力轉換裝置(整流器、DC-DC 轉換器、變流器、充電器)，電瓶 ECU，煞車 ECU…等。不過，動力裝置和控制系統的實際構成需視系統的型式而定，這部份的細節我們將會在後面中提出說明。

1. 並聯式雙軸配置型HEV

採用並聯式雙軸配置型以豐田汽車公司混合動力系統(THS)為代表，THS 的構成如圖 2-1 及 2-2 所示，動力系統由引擎、變速箱總成所構成，變速箱總成的組成包括馬達、發電機、變速箱、動力分割機構。控制系統的組成包括：混合動力 ECU、電瓶 ECU、引擎 ECU、變流器及 DC-DC 轉換器…等，THS 的主要構成元件及其功能如表 2-1 所示。

* ：PEV 若只是使用電瓶為動力，又稱為 BEV(Battery Electric Vehicle)

表 2-1　THS 的主要構成元件及其功能

主 要 元 件			元件的主要功能
動力系統	引擎		混合動力系統的主要動力源，並帶動發電機發電。
	變速箱總成	發電機	主要是用來產生交流高壓，由引擎帶動發電；另做為引擎起動馬達使用。
		馬達	主要是補助引擎的動力輸出，增加驅動力；在煞車時，發電充電至 HV 電瓶(回生煞車)。
		動力分割機構	能適切地切割分配引擎驅動力、馬達驅動力和發電機驅動力。
高壓(HV)電瓶			起步、加速、爬坡等時，供應電力給馬達，煞車時充電。
控制系統	HYBRID ECU		依據節氣門開度、排檔位置計算所需要引擎輸出，馬達扭力及發電機扭力，然後依各個 ECU 需要送出需求值來控制驅動力。
		馬達 ECU	依據 HYBRID ECU 送來的驅動要求值，透過變流器控制馬達和發電機。馬達 ECU 和 HYBRID ECU 做成一體。
	引擎 ECU		依據 HYBRID ECU 送來的引擎輸出要求值，輸出開度指令至電子控制節氣門。
	電瓶 ECU		監視的 HV 電瓶充電狀態。
	煞車 ECU		執行馬達回生煞車和油壓煞車的協調控制，以使能和一般只有油壓煞車的車輛有同等的煞車制動力。
	變流器		高壓直流電和交流電(馬達、發電機)轉換的變換裝置。
	DC-DC 轉換器		高壓直流電降為 12V，提供輔助電瓶充電的裝置。
	高壓電瓶充電器		萬一 HV 電瓶過度放電時，可用救援車輛的 DC12V 來充電的昇壓充電裝置。
	加速踏板位置感知器		將加速踏板的開度轉換成電子訊號，傳送給 HYBRID ECU。
	加速踏板開關		提供加速踏板全關的訊號給 HYBRID ECU。
	檔位開關		將排檔桿的位置轉換成電子訊號，傳送給 HYBRID ECU。
	系統主繼電器(SMR)		依據 HYBRID ECU 的訊號切斷、連接高壓電源電路。
	維修插頭		除了檢查、整備外，用來切斷 HV 電瓶高壓電路的插頭。

　　發電機雖是並聯式雙軸配置型的主要配備之一，但不一定要如 THS 那樣內藏在變速箱總成中，在圖 2-3 所示的日產 NEO HS 混合動力系統構成示意圖中，發電機則是位在引擎的側面，由鏈條帶動。

2.　並聯式單軸配置型

　　採用並聯式單軸配置型以本田汽車公司的混合動力系統 IMA 為代表，IMA 的構成如圖 2-4 所示，其中，動力裝置由引擎、馬達、變速箱所構成，控制系統的組成包括電瓶 ECU、引擎 ECU、PDU(即變流器)及 DC-DC 轉換器...等。單軸配置型的系統構成比雙軸配置型簡單，系統的運作上完全是以引擎系統為主，馬達功率小，只擔任輔助角色，不需要配備發電機，動力分割機構。另外，在 IMA 中，引擎 ECU 功能除了原有的引擎控制功能之外，還包括了混合動力 ECU 和煞車 ECU 的功能，實際上是 IMA 的控制中心。

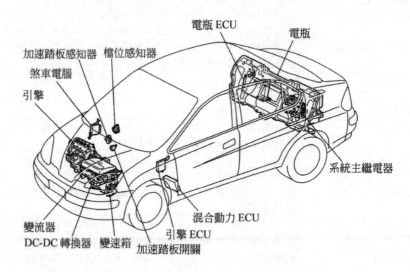

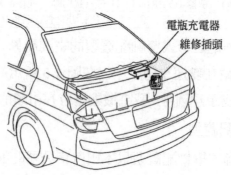

圖 2-1　TOYOTA 混合動力車(PRIUS)

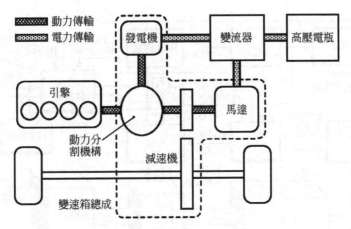

圖 2-2　TOYOTA 混合動力系統(TOYOTA Hybrid System,THS)

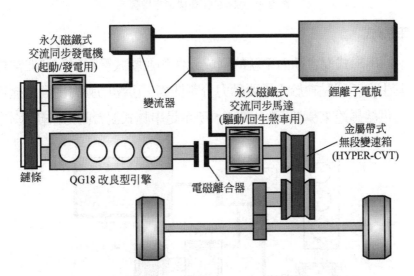

圖 2-3　日產 NEO 混合動力系統(NEO Hybrid System)

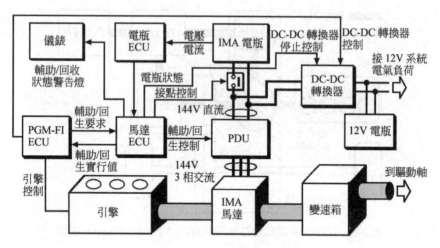

圖 2-4　IMA 的系統構成方塊圖

3. 串聯式

串聯式混合動力系統的構成元件和並聯式雙軸配置型非常相似，其主要不同點在於不需要動力分割機構，引擎的動力由發電機轉為電力供給馬達來驅動車輪。圖 2-5 所示是串聯式混合動力系統基本構成。

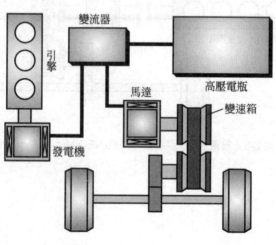

圖 2-5　串聯式系統的構成

4. HEV和PEV動力系統之比較

　　以 TOYOTA 在市場上公開銷售的 RAV4 純電動車為例和 TOYOTA PRIUS 來做比較。RAV4 純電動車的構造如圖 2-6 所示，動力系統主要基本構成元件包括有 EV 控制器、驅動用電瓶(即高壓電瓶)、驅動用馬達、變速箱等，週邊元件則包括了散熱器、輔助電瓶、DC-DC 轉換器、維修插頭等，其中，EV 控制器由電動車 ECU、馬達 ECU 及變流器等組成，通常又可稱為驅動器，相當於混合動力+馬達 ECU+變流器的功能。由 RAV4 純電動車的構成來看，其所使用元件在 TOYOTA PRIUS 混合動力車中均有採用，換言之，這些元件是電動車必要的裝置。

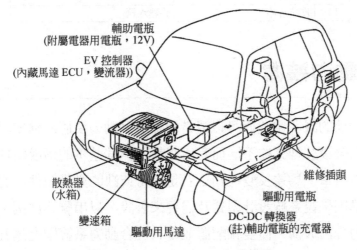

圖 2-6　TOYOTA RAV4 EV 的構造

表 2-2　HEV 和 PEV 構成元件之比較(TOYOTA)

項次	主要構成元件		
	HEV	PEV	
1.	混合動力 ECU	EV 控制器	電動車 ECU
2.	馬達 ECU		馬達 ECU
3.	變流器		變流器
4.	引擎 ECU	-----	
5.	煞車 ECU	煞車 ECU	
6.	馬達	馬達	
7.	引擎	-----	
8.	高壓電瓶	高壓電瓶	
9.	DC-DC 轉換器	DC-DC 轉換器	
10.	輔助電瓶	輔助電瓶	
11.	動力分割機構	-----	
12.	發電機	-----	
13.	散熱水箱	散熱水箱	

2-3　動力裝置

　　由前一節的說明中我們可以清楚地瞭解到動力裝置的構成組件會隨著混合動力系統設計型式的不同而有所差異，但其基本的構成組件是不會改變的，其中引擎、馬達及變速箱三者是不可或缺的必備組件，發電機、動力分割機構則是視系統設計型式及需要來裝設。以串聯式為例，系統不需要配置動力分割機構，而雙軸配置並聯式混合動力系統則上述五大組件均必須配備。

　　圖 2-7 所示是日產混合動力系統(NEO HS)的動力裝置外觀，搭載在汽車上的狀態如圖 2-8 所示，NEO HS 是雙軸配置並聯式的系統，所以動力裝置的構成組件有引擎、馬達、發電機、無段變速箱(CVT)及動力分割機構。

馬達是位在引擎和變速箱之間，與變速箱的輸入軸直結，和引擎之間則是使用電磁離合器做為的動力分割機構。發電機和一般汽車的交流發電機一樣位在引擎的側面。

圖 2-7　日產混合動力系統的動力裝置(TINO)

圖 2-8　日產混合動力車的引擎室(TINO)

2-3-1 引 擎

在由引擎和電力系統構成的混合動力車上，為了節省燃油的消耗，汽車製造商在混合動力系統上所採取的對策有三：一是採用省油性佳的引擎，如阿特金森循環(Atkinson Cycle)汽油引擎，稀薄燃燒引擎及 GDI 引擎，以目前的現況來說，阿特金森循環引擎已為大多數汽車製造商所採用，只有少數製造商都是採用稀薄燃燒引擎、GDI 引擎；二是降低引擎排氣量，例如 TOYOTA PRIUS，HONDA INSIGHT 及三菱 SUW ADVANCE 的引擎排氣量分別只有 1.5L、1.0L 和 1.5L；三是採用暫停怠速運轉(Idling Stop)的技術，這部份請參閱 2-6-2 節說明。。

由於是混合動力系統，加速踏板除了要控制引擎外也要用來在控制馬達，因此在引擎的操控上，通常混合動力車都是採用電子控制節汽門。

1. 阿特金森循環汽油引擎

阿特金森循環引擎又稱為高膨脹比循環引擎，和奧圖循環(Otto Cycle)引擎的不同點在於在它的在進氣行程的時間較長，進汽門關閉的時間比奧圖循環引擎晚(如圖 2-9 所示)，活塞從下死點開始上行到進汽門完全關閉的期間，少部份的混合氣會因活塞的上行推擠而經由進汽門逆流回到進汽歧管，使得實際受到壓縮的混合氣量變得較少。由於將進汽門關閉的時間延後，實際的壓縮行程縮短，在動力行程(膨脹行程)不變下，壓縮行程比動力行程短，所以它也被稱為高膨脹比循環。使用阿特金森循環的優缺點如下：

◆優點

(1) 可避免爆震發生：因實際受到壓縮的混合氣量減少，不易產生爆震，因此可將引擎的壓縮比提高來獲取較高之膨脹比，利用高膨脹比讓燃料點火燃燒所產生之能量能在動力行程充分轉換為機械能量。

(2) 減少泵壓損失：因實際受到壓縮的混合氣量減少，爲了增加進氣量，在部份負荷(部份節氣門)時可以以較大的節氣門開度運轉。節氣門開度增大能讓進汽歧管內之負壓變小(眞空度降低)，減少泵壓損失(pumping loss)及進氣阻力，如圖2-10所示。

(3) 排氣損失少，熱效率高，省油。

◆缺點

(1) 引擎低速運轉時，進氣慣性原本就小，容積效率較差，加上一部份的混合氣逆流回到進汽歧管，使得能夠被壓縮的混合氣量更爲減少，因而引擎低速時輸出的扭力會變得很差，並不適合作動力輸出。

(2) 隨著節氣門的打開及引擎轉速的增高，混合氣逆流到進汽歧管反而愈不利於進氣，進氣量受到抑制而很難產生高馬力。

　　針對上述之缺點，通常在一般的實際應用上所採行的對策都是在阿特金森循環引擎上加裝增壓器(例如渦輪增壓器)來提升馬力(例如 MAZDA 的米勒循環引擎——一種加裝增壓器的阿特金森循環應用實例)。但在混合動力車上則是在低速行駛範圍內使用馬達動力來行駛，在需要高輸出馬力時，則藉由馬達的動力來補償引擎動力輸出，並由引擎 ECU 利用控制燃油噴射的方式來限制引擎的最高轉速，通常約在 4000rpm 左右，以使引擎作最有效率的輸出，因此混合動力系統所使用的阿特金森循環引擎不必加裝增壓器。

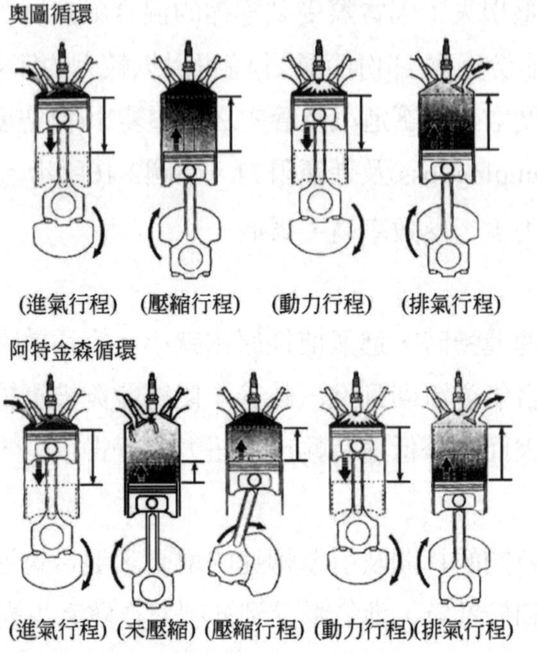

奧圖循環
(進氣行程) (壓縮行程) (動力行程) (排氣行程)
阿特金森循環
(進氣行程) (未壓縮) (壓縮行程) (動力行程)(排氣行程)

圖 2-9　阿特金森循環的工作循環和奧圖循環之比較

高膨脹比循環
一般的循環
膨脹行程
排氣損失的比較
汽缸壓力(p)
壓縮行程
空氣壓力損失
空氣壓力損失
開始壓縮
汽缸容積(V)

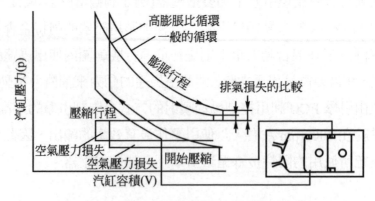

圖 2-10　阿特金森循環壓容圖和奧圖循環之比較

2. GDI引擎

GDI 引擎就是汽油汽缸直接噴射(Gasoline Direct Injection)引擎的簡稱，具有馬力大省油之優點，以日本三菱汽車的 GDI、豐田汽車 D4、日產汽車的 NEO-Di 最為著名。將汽油直接噴入汽缸中，GDI引擎獲得高反應和高精密的燃油控制，同時獲得較稀薄和高效率的燃燒。燃油直接噴入汽缸中，可以改善引擎的容積效率，透過壓縮比的提高可以獲得較高的馬力輸出。

目前使用 GDI 引擎來做為混合動力車的主要動力源只有三菱汽車。雖然 GDI 具有省油馬力大的優點，但何以大多數車廠不將它使用在混合動力車上的主要原因有下列幾點：

(1) 在排氣量相當的條件下，使用GDI引擎並沒有比使用阿特金森循環引擎省油。

(2) 動力不足的部份可由馬達來補充(同時使用引擎動力及馬達動力)。

(3) GDI引擎的成本較高。

以 TOYOTA 為例，混合動力車在發展過程初期也是以 D4 引擎做為主動力源，但後來改用阿特金森循環引擎，經測試比較後得到之結果是 D4引擎並沒有較省油。這樣的結果其原因在於阿特金森循環引擎本身具有一定程度省油性，而且使用在混合動力車上的實際的省油效果是需視引擎、馬達兩動力之間的搭配使用而定，並不全然繫於引擎原有的性能優勢上。

為何三菱汽車會獨鐘 GDI 引擎做為混合動力車的主要動力源呢?這是因為 GDI 引擎是三菱全心全力投入研發並領先全球發表的主要產品，使用它在於推銷 GDI 引擎並強調其技術能力所在。

2-3-2 變速箱

在變速箱使用上，除了少數的車廠有生產手排變速箱的車款外，自動變速箱已成為主流，而且絕大多數的車廠都是採用無段變速箱(CVT)，尤其是並聯式雙軸置型混合動力系統。使用 CVT 的優點如下：

1. 體積小，重量輕，構造簡單。

2. 適用於輸出馬力較小的引擎。

3. 可節省燃料消耗：利用CVT具有連續無段變速的特性，在維持原有驅動力不變的條件下，依系統運作之需要，例如高壓電瓶充電需求改變時，可透過控制CVT減速比對發電機發電量進行調節的方式來調整引擎工作負載，並使引擎維持在最佳燃料消耗率線上的適當轉速運轉。

鋼帶式 CVT 仍是市場上使用主流之一，不過各車廠都會依需要對 CVT 作修改以適合混合動力車使用，如改為電子控制無段變速、加裝電動油泵等。另外一種主要被使用的 CVT 型式則是採用行星齒輪機構式，這種型式的 CVT 的特點是行星齒輪機構本身也是動力分割機構，其行星齒輪架、太陽輪、環齒輪分別和引擎、發電機及馬達(馬達轉子和輸出軸直結)連接，利用控制引擎、馬達及發電機三者之間的扭力關係來得到無段變速的目的，這種型式的 CVT 以 TOYOTA THS 為代表。

詳細有關 CVT 的說明請參考後面各章之說明。

2-3-3　動力分割機構(Power split mechanism)

　　顧名思義，動力分割機構就是用來接合分離引擎動力和馬達動力的機構，使用在雙軸配置型的並聯式混合動力系統上。目前 HEV 所使用的動力分割機構有電磁離合器(乾式或濕式)或行星齒輪機構等兩種型式。使用電磁離合器的有 NISSAN NEO-HS、MITSUBISHI GDI-HEV 等，使用行星齒輪機構的有 TOYOTA THS、DIHATSU(大發)的 HEV、SUBARU SHPS。HONDA IMA 因為是單軸配置型，故不需要使用。有關動力分割機構的說明請參考後面各章之說明。

2-3-4　馬　達

　　混合動力車的馬達的裝設位置大都是位在變速箱的輸入軸側(圖2-11)，和變速箱的輸入軸直接連結，少數的車種將馬達裝在引擎側面，取代原有的發電機。對大部份的變速箱而言，輸入軸側通常指的位置就是一般車輛自動變速箱扭力變換器的部位上，即在變速箱和引擎之間，但也有例外者，如 TOYOTA PRIUS。馬達的主要的功能是用來驅動車輛行駛，為了能有效地和其他使用在車輛上的馬達有所區別及強調其主要功能，通常會驅動用馬達(Driven Motor 或 Traction Motor)來稱之。由於馬達在回生煞車時是轉為發電機使用，所以也有驅動/回生煞車用馬達之稱法。

　　若馬達位在引擎側面，通常馬達動力的輸出是透過電磁離合器和來引擎連結，而且馬達在功能上會兼具發電機及起動馬達的功能，形成整體式多功能馬達(Integrated Starter-Alternator，ISA)。混合動力系統若是採用這樣設計的目標主要是著重在暫停引擎怠速運轉功能(Idling Stop)上，以節省燃料的消耗，尤其是排氣量高的引擎，在此一情況下，馬達的功能以起動馬達和發電機爲主，動力輸出爲輔。由於馬達是位在引擎側面，體型重量不可能太大，其輸出的額定容量也勢必要縮小，這也是馬達在動力輸出上僅具輔助功能的一項原因。

圖 2-11　馬達的裝設位置

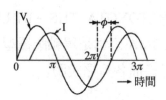

圖 2-12　交流電的電流和電壓的相位關係

1. 基本觀念概要

以電機而言，馬達的構造和發電機完全一樣，之所以被稱爲馬達或發電機是依照其用途的來區分，利用電力來產生動力者稱之爲電動機或馬達，利用動力帶動來產生電力者稱之發電機。所以無論是交流同步馬達或是感應馬達當然是當作馬達使用，但是它們也可以當作交流發電機來使用，反之亦同。

◆功率因素

馬達在某一輸出情況下運轉時，由電源流入的有效電力稱爲輸入。當馬達輸入端的端電壓爲 V，該處所流過的電流爲 I 時，則馬達的輸入功率 Pi 爲

直流馬達：	$Pi = VI$	(2-1)
單相交流馬達：	$Pi = VI\cos\psi$	(2-2)
三相交流馬達：	$Pi = \sqrt{3}\,VI\cos\psi$	(2-3)

其中 cos ψ 為功率因素，角度 ψ 是指電源輸入後電流落後電壓的相位角度(圖 2-12)。ψ 愈小，功率因素 cos ψ 愈接近 1，Pi 值愈大，表示功率損失愈少；反之，ψ 愈大，cos ψ 愈小，Pi 值愈小，功率損失愈多。功率因素會受到馬達線圈電感效應的影響而造成馬達輸出效率的降低，甚至失速(stall)。為了避免線圈電感效應隨轉速和負載增加而變大，致使功率因素降低，可以利用控制的方式來改善變流器(Inverter)輸出。

◆效率

在有效輸入中會有一部份的電力消耗在馬達內部，這部份稱之為損失(loss)，即輸入減去輸出等於損失。馬達的內部損失包括有鐵損、銅損、機械損失等等，是造成馬達溫度上升的原因。輸出和輸入功率的比值稱為效率，以 η 表示

$$\eta = \frac{Po}{Pi} \tag{2-4}$$

其中　　Po：輸出功率

再者，輸出功率是輸出扭力和角速度的乘積，因此我們可以得到下列的方程式

$$Po = Pi \times \eta = \text{To} \times \omega \quad \text{(W)} \tag{2-5}$$
$$\text{To} = Pi \times \eta / \omega \quad \text{(N-m)} \tag{2-6}$$
$$\omega = \frac{n \times 2\pi}{60} \quad \text{(rad/s)} \tag{2-7}$$

其中　　η：馬達轉速(rpm)　　　ω：轉子角速度(rad/s)

　　　　To：輸出扭力　　　　　n：馬達轉子轉速(rpm)

◆同步轉速

交流馬達的轉速和極數及輸入的交流電頻率有密切的關係。當電力加到馬達定子的繞組上後，隨著電流的變化以及和磁極間的關係而產生旋轉磁場，由此旋轉磁場使馬達轉子旋轉。旋轉磁場的轉速時是以同步轉速稱之，它和電流頻率成正比，和極數成反比，可以下式來表示

$$f = \frac{Ns}{60} \times \frac{P}{2} \quad \text{或} \quad Ns = \frac{120f}{P} \tag{2-8}$$

其中 Ns：同步轉速(rpm) f：輸入電源頻率(Hz) P：磁極極數

轉子的實際的旋轉轉速和旋轉磁場的同步轉速相同時，稱之為同步馬達，否則為非同步馬達。感應馬達是非同步馬達，運轉時轉子轉速會低於同步轉速，轉子轉速和同步轉速之間的差值稱之轉差。若轉子轉速以 n 表示，則轉差或轉差率為

$$\text{轉 差} \quad S = \frac{Ns - n}{Ns} \tag{2-9}$$

$$\text{轉差率(\%)} \quad s = \frac{Ns - n}{Ns} \times 100\% \tag{2-10}$$

由式子(2-8)可知，要控制交流馬達的轉速只要改變供應給馬達的交流電頻率即可，而變流器就是用來輸出交流電給交流馬達驅動的可變頻率裝置，因此使用變流器來執行馬達的加減速轉換十分容易。

◆馬達也可以是發電機

以電機而言，馬達的構造和發電機完全一樣，之所以被稱為馬達或發電機完全是依照其用途來區分，利用電力來產生動力者稱之

為馬達，利用動力帶動來產生電力者稱之發電機。所以無論是交流同步馬達或是感應馬達當然是當作馬達使用，但是它們也可以當作交流發電機來使用，反之亦同，兩者(馬達、發電機)之間的轉換只要透過控制器適當控制即可達成，而這也正是為什麼混合動力車及電動車上馬達可做為發電機使用，發電機可做為馬達之緣故。

2. 馬達種類

目前使用在電動車上的驅動用馬達有直流型、交流型兩種，交流型又可分為交流同步式、交流感應式等。這些馬達各具有特色，在使用上都是配合車輛的用途及成本來採用(表 2-3)，就電動汽車而言，以使用效率較好的三相交流馬達為主。

表 2-3　動力用馬達的特徵--*記號表示包含充電器

動力用馬達		直流馬達	交流同步馬達	交流感應馬達
重量(kg)	馬達	60	57	82
	控制器	15	45*	34
最高輸出(kW)		22.5	50	55
馬達輸出密度(kW/kg)		0.25	0.88	0.67
馬達・控制器輸出密度(kW/kg)		0.3	0.5	0.48

(一)直流馬達

所謂直流馬達就是使用在起動馬達、電動窗及雨刷等上的馬達。在構造上，裝在外殼上的定子若是使用永久磁鐵的直流馬達，這種馬達要當作動力用馬達時有輸出馬力太小的缺點。所以也有使用和起動馬達一樣定子(stator)是採用繞線而不用永久磁鐵的直流繞線式馬達用來作為動力用馬達。

直流繞線式馬達具有低速高扭力的特點，非常適合作為電動車的驅動用馬達，但是，在負荷變小時卻會有轉速無法控制的負面現象。另一方面，

　　雖然它的控制裝置(直流馬達控制器)構造很簡單，在成本方面這對此型馬達的使用很有利，但是馬達也有碳刷的摩耗及噪音等缺點。在早期電動車的開發上，直流馬達較為常用，現階段已甚少使用，只有電動自行車的使用它來做為輔助動力(圖 2-13)。

　　由前一小節中的方程式(2-1)、(2-4)~(2-7)中可知，馬達的輸出扭力和轉速 n 成反比，和輸入功率 Pi 成正比，而直流馬達的 Pi 是輸入的電流和電壓之乘積，又根據歐姆定律(V=I×R)可得知"馬達的輸出扭力可以藉由改變直流馬達的輸入電壓來直接控制"，用來改變直流馬達輸入電壓的 DC-DC 轉換裝置稱之為截波器(chopper)。

　　圖 2-14、2-16 所示分別單向驅動和雙向驅動的直流馬達截波器控制電路圖。截波器的有效電壓輸出高低是由馬達控制器依據動力的輸力需求控制電晶體的 ON-OFF 所獲得，通常馬達控制器是採用 PWM(脈波寬度調變)的方式控制。以圖 2-14 雙向驅動截波器電路是為例，電路構成和二相的變流器電路一樣由 H 型電橋電路構成，若電晶體 Tr1、Tr4 ON，Tr2、Tr3 OFF 時作用在馬達上的電壓為 E，Tr2、Tr3 ON，Tr1、Tr4 OFF 時馬達上的電壓為−E，則實際施加在馬達上的平均電壓可由下式決定：

$$V = E \times (t_{14} - t_{23}) \diagup (t_{14} + t_{23}) \tag{2-11}$$

其中　　E：電源電壓

　　　　t_{14}　：電晶體Tr1、Tr4 ON，Tr2、Tr3 OFF的時間

　　　　t_{23}　：電晶體Tr1、Tr4 ON，Tr2、Tr3 OFF的時間

由(2-11)可知，當 $t_{14} > t_{23}$ 時(圖 2-15a)，V 值為正，當 $t_{14} < t_{23}$ 時(圖 2-15c)，V 值為負，假設 V 為正時馬達順轉，則 V 為負時馬達為反轉，若 $t_{14} = t_{23}$(圖 2-15b)，則馬達不動。不考慮 V 值的正負，當 V 值的數值愈高，馬達的轉速愈快。依據前述的控制原理控制 t_{14}、t_{23} 的比例即可控制馬達的運轉。

　　由於直流馬達已經不是混合動力車和電動車驅動馬達的使用主流，對於截波器及直流馬達的控制在此不作詳細說明。

圖 2-13　使用直流型馬達做為電動輔助裝置的自行車

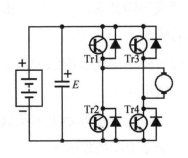

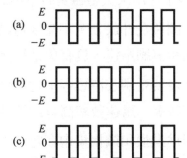

圖 2-14　直流馬達雙向驅動截波器橋式電路　　圖 2-15　雙向驅動 PWM 控制之電壓輸出

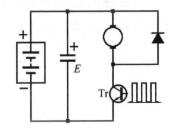

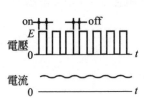

圖 2-16　PWM 控制單向驅動截波器電路及輸出波形

(二)交流同步馬達

　　交流同步馬達依轉子的不同可分為繞線式、磁阻式及永久磁鐵式等幾種型式，在電動汽車使用的交流同步馬達主要是永久磁鐵式。一般的直流馬達是將永久磁鐵安裝在外殼上做定子用，轉子就像電磁鐵一樣繞著線圈，為了供應電力給轉子上面的線圈，必須要有電刷及滑環等零件，這些零件的磨耗問題就成為了馬達必須維修的原因。但永久磁鐵式交流同步馬達在構造直流馬達的主要不同點是將永久磁鐵與電磁鐵的位置互換，在外殼裝上的定子變成是纏繞線圈的電磁鐵，轉子則裝上永久磁鐵(圖 2-17、2-18)。轉子使用永久磁鐵具有下列的優點：

1. 線圈裝在外殼上，不需要電刷及滑環等消耗零件，所以又稱為交流同步無刷馬達，具有免維修保養的優點。

2. 不需要電刷及滑環等消耗零件、沒有轉子磁場線圈的銅損，馬達效率較高。馬達效率高有助於減少外型尺寸。

3. 因為銅損和鐵損集中在定子上，定子位在馬達外殼上，所以馬達的冷卻變得很容易，只需要由外殼冷卻定子即可達成。

　　雖然馬達轉子使用永久磁鐵具有上述等優點，但裝在轉子上面的磁鐵必須要有強大的磁力才能獲得高出力，所以要應用在車子上就須使用磁力較強的稀土類磁鐵，因而會導致馬達價位升高，影響生產成本。

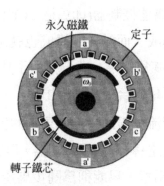

圖 2-17　外殼安裝定子線圈，轉子是永久磁鐵的交流同步馬達

圖 2-18　車用永久磁鐵式交流同步馬達(左)及驅動器(變流器)

　　控制交流同步無刷馬達運轉依控制方式可分為兩類，一是同步馬達，二是 DC(直流)無刷馬達。DC 無刷馬達有兩項重要的特徵，一是採用自我控制模式(self control mode)，二是馬達本身裝有轉子磁極位置檢出裝置(轉子位置感知器)，所謂的自我控制模式就是馬達控制器直接利用轉子位置感知器所檢測出的轉子位置讓安裝在馬達外殼上的電樞線圈(定子)能適時地通電激磁使馬達運轉的一種控制方式，由於這種以電子整流子(electric commutator)方式來控制馬達運轉的方法和直流馬達上利用電刷和換向器來運轉的作用原理是一樣，所以採自我控制的交流同步無刷馬達被稱為 DC

　　無刷馬達。圖 2-19 所示是自我控制模式交流同步無刷馬達的基本控制架構，由馬達控制器(即馬達 ECU)+變流器+交流同步無刷馬達+轉子位置感知器所構成，而這樣的構成也就是一般所稱的無刷馬達，換言之，若聲稱採用 DC 無刷馬達，即已指出了其使用的馬達型式及其控制架構。DC 無刷馬達並不是適合大動力輸出。

　　當交流伺服同步無刷馬達的控制架構也是馬達控制器+變流器+交流同步無刷馬達+轉子位置感知器，但它不是採行自我控制模式，因此不能稱為 DC 無刷馬達，只能稱為同步馬達。

　　但是和直流馬達的比起來交流馬達的控制裝置比較複雜，馬達和控制裝置（馬達控制器+變流器）價格也比較高。不過，目前交流馬達控制上因變流器控制技術已相當成熟，加上微處理器的發達，交流馬達的控制裝置價格較已大幅下降，所以交流馬達已成為電動車動力用馬達的主流之一。

　　交流馬達中，交流同步馬達的效率較交流感應馬達高，具有小型輕量化的優點(可節省能源消耗)，現在已經成為一般混合動力車(轎車，箱型車，小貨車等)的主流。表 2-4 所示是兩款混合動力車用交流同步馬達的主要規格表。

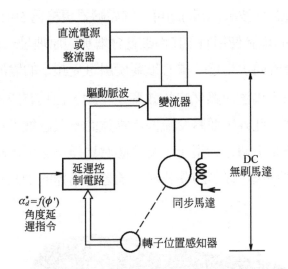

圖 2-19 自我控制模式交流同步無刷馬達(DC 無刷馬達)的基本控制架構

表 2-4 交流同步馬達的主要規格

馬達型別	馬達 I	馬達 II
型號	1CM	MF2
型式	三相交流同步馬達	三相交流同步馬達
額定電壓[V]	288V	144V
最大輸出功率[kW]/(rpm)	30.0/(940~2000)	10.0/(3600)
最大輸出扭力[N-m]/(rpm)	305/(0~940)	49.0/(0~1000)
最大輸出扭力時的耗用電流[A]	351	----
冷卻方式	水冷式	空冷式

(三)交流感應馬達

　　交流感應馬達和工廠中空氣壓縮機所使用的馬達是同一類型的，它和交流同步馬達的大的不同點在於轉子也和定子一樣是使用電磁線圈，由裝在外殼的線圈加上交流電後即可迴轉。要控制交流感應馬達的轉數只要改變供應的交流電之周波數(頻率)即可，例如購買規格為 50Hz 的洗衣機，若在電力為 60Hz 的地區使用時，其轉數就會增加的原理是一樣的。要改變交流電頻率，和交流同步馬達一樣必須要使用可變頻率的變流器。

　　比起交流同步馬達，雖然它的效率差一點，但具有成本較低及控制也比較簡單的優點。此外，要將交流同步馬達的永久磁鐵大型化很困難，所以交流同步馬達並不適合大型化，交流感應馬達不必使用磁鐵，大型化比較容易，適合大型車輛。圖 2-20 是搭載交流感應馬達的 TOYOTA COASTER HEV。

圖 2-20　TOYOTA COASTER 混合動力車，採用的是交流感應馬達

2-3-5　發電機

　　汽車上安裝的發電機是指交流發電機。而混合動力系統上通常所指稱的交流發電機指的都是三相交流同步發電機。

　　混合動力系統依實際的需要會設置發電機，例如串聯式，和雙軸型並聯式均有設置。依據使用現況，發電機以使用了永久磁鐵式三相交流同步發電機為主。

　　發電機的功能是將引擎的動力轉成電力供給馬達使用或充電至高壓電瓶。在實際使用上，除了發電之外，有些廠商也用發電機來起動引擎，所以有人將兼具起動馬達功能之發電機另以起動/發電用馬達來稱之，例如豐田 THS 和日產 NEO HS 的發電機都兼具起動馬達功能。發電機發出的三相交流電必須先經電力轉換裝置(整流器)轉換成直流電後再送回電源電路。當使用發電機起動引擎時(起動馬達功能)，電源供應之直流電經由電力轉換裝置(變流器)轉換成三相交流電後送至發電機來起動引擎。

　　在安裝的位置方面，有的混合動力系統和一般引擎的交流發電機一樣將發電機裝在引擎的側面(圖 2-3)，有的則是裝在變速箱總成中(圖 2-2)。由於混合動力系統的發電機在體積及重量上要比和一般引擎的交流發電機大很多，若是安裝在引擎的側面，在安裝上必須要堅固一點，在傳動上不使用皮帶而是透過鍊條來傳動。

　　當交流發電機的轉子轉動切割磁場時，在定子線圈上會產生感應電動勢(發電)。若發電機的轉子極數為二極(N-S 極)，當轉子轉一圈時，感應電動勢的電壓變化會恰為 360°，如圖 2-21 所示。如果轉子的極數為 P 極，當轉子轉一圈時，感應電動勢的電壓變化為 $(P/2) \times 360°$，若轉子轉速為每分鐘 N 轉時，每秒鐘在每一組線圈上的感應電動勢之頻率變化 f 為

$$f = \frac{N}{60} \times \frac{P}{2} \quad 或 \quad f = \frac{N \times P}{120} \tag{2-12}$$

其中　　N：轉子轉速(rpm)　　f：輸出電壓頻率(Hz)　　P：轉子極數

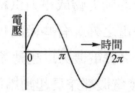

圖 2-21　三相二極交流發電機感應電動勢的電壓變化

2-4　電力轉換裝置

　　電動車中所使用電源和我們個人在一般生活中所使用電源一樣有直流電(DC)、交流電(AC)之分，同型電源間則有高壓、低壓之分，因此需有很多的電力的轉換裝置(Converter)，包括變流器、整流器及 DC-DC 轉換器…等。

1. 整流器(Rectifier)

　　　整流器是指能將交流電源轉換成直流電源的電力變換裝置(AC-DC 轉換器)，常用的整流器基本電路有半波整流和全波整流。在汽車當中，整流器的型式主要是以橋式全波整流為主，混合動力系統發電機和一般汽車是一樣使用的是三相交流發電機，整流電路同樣採用三相橋式交流整流電路，圖 2-22 所示是一般汽車所使用三相交流發電機整流電路。

　　　依照整流器輸出的電壓是否可變。整流器可分為固定電壓整流(Constant voltage)和可變電壓整流(Variable voltage)，如圖 2-23 所示。固定電壓源型是使用二極體(整流粒)來整流，一般汽車所使用發電機整流電路即屬之。混合動力車上則以可變電壓型為主，電壓調變的大小和變流器一樣由控制器(例如：馬達 ECU)依輸出需要以方波或 PWM 的調變方式驅動轉換元件基極或閘極的 ON-OFF 所控制。發電機發電量的控制原理和馬達回生煞車控制是相同的，請參考本章 2-6 節中馬達回生煞車控制之說明。

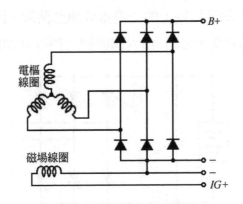

圖 2-22　汽車交流發電機整流電路

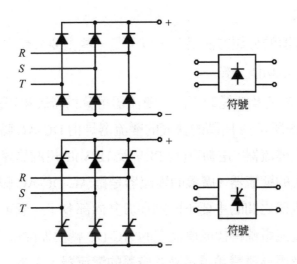

圖 2-23　固定電壓整流器(上)，可變電壓整流器(下)

2. 變流器(Inverter)

　　變流器一詞是由英文字"Inverter"翻譯而來，有人譯為換流器或變頻器，指的是能將直流轉換成交流電源並提供馬達所需電力的電力變換裝置，即 DC-AC 轉換器。變流器是交流馬達(含同步馬達及感應馬達)在驅動控制上的一項重要驅動裝置，圖 2-24 所示是三相變流器內部的基本電路，由六個轉換元件以 H 型的橋式電路所構成。

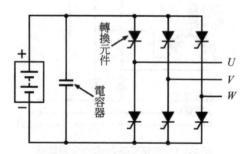

圖 2-24　三相變流器基本構成電路

◆種類型式

　　變流器的分類方法很多，以下是一些主要分類方式之說明。

(1) 依構造及功能分類

　　依構造及功能的不同，變流器可分為廣義和狹義的變流器(如圖 2-25 所示)。所謂的狹義的變流器是指 DC-AC 轉換器，即原定義下之變流器，電動車(含 PEV 及 HEV)所用的馬達變流器則是屬於狹義的變流器。廣義的變流器是指 AC-DC-AC 轉換器，和狹義的變流器之間的主要不同點在於其內部多了一個可以先將外部供應之交流電源轉換成直流電的 AC-DC 轉換器(整流器)，一般市售的工業用馬達變頻器是屬於廣義的變流器。工業用馬達變頻器因為實際應用上的需要，本身內部通常都含有馬達控制器。

圖 2-25　廣義和狹義的變流器

(2)　依輸出的交流電源相數分類

　　隨著使用上所需求的交流電源相數之不同，變流器轉換輸出的交流電源相數可分為單相、二相、三相等不同型式。

(3)　依電力頻率輸出分類

　　若依輸出的電力頻率是否可變的，變流器的型式可分為固定頻率輸出和可變頻率輸出兩種。在電動車上，DC-DC 轉換器內的單相變流器，以及 PC 電腦中，驅動 CPU 散熱風扇(以 DC 無刷馬達帶動)所用的單相變流器，即是屬於固定頻率輸出型的變流器。電動車的馬達變流器及工業用的馬達變頻器，都是屬於可變頻率輸出型的變流器(Variable frequency inverter)，這也是為什麼 Inverter 被譯為變頻器之緣故。變頻器輸出的電力頻率變化，由馬達控制器依輸出需求來控制。

　　至此，我們已可瞭解到電動車的馬達變流器是狹義的可變頻率輸出型變流器，我們也可以變頻器來稱之，不過在本書中是直接以變流器稱之。

(4)　依電力供應方式分類

　　變流器的型式若電力供應的控制方式來區分可分為電流源型(Current-Source Inverter，CSI)、電壓源型(Voltage-Source Inverter，VSI)兩種，如圖 2-26、2-27 所示，兩者的主要不同點在於變流器的轉換電路和直流電源連接時所需用的中間電路不同，VSI 需要並聯一個大型的電容器做為濾波穩壓之用，而 CSI 則需要串聯一個大型的電感器來獲得平穩的電流。由於電動車上所使用的電力是固定電壓的直流電源，故通常都以使用 VSI 為主。

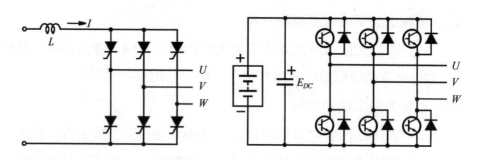

圖 2-26　電流源型三相變流器電路　　圖 2-27　PWM 控制電壓源型三相變流器電路

(5)　依電力輸出控制方式分類

　　　　控制電力變換裝置轉換元件的"開"、"關"來改變電力輸出的方法我們稱之為調變(Modulation)。變流器依調變控制的電力對象可分為電流控制型和電壓控制型。為使了馬達能的動力輸出能獲得良好的輸出，電動車上以使用電流控制型變流器為主。

　　　　無論是 CSI 或 VSI，控制電力調變的方法有很多，其中以 PWM 控制最為常用。

◆作用原理

　　直流電要轉變為交流電，必須具備有能執行轉換的裝置，也就是變流器。三相變流器將直流電轉換成三相交流電的基本電路如圖 2-28 所示，由 6 個轉換開關構成三相橋式電路，每一相電路需要有二個轉換開關(S_1 和 S_4、S_2 和 S_5、S_3 和 S_6)，以 Y 接或△接的方式和馬達連接。現以 180°方波的轉換控制為例來說明電路作動原理，如圖 2-29 所示，在轉換工作執行上，同一相的開關不能同時成為 ON 狀態，而相互之間是以 180º上下交互操作 ON 狀態，而相與相之間的電路開關相互之間則以 120º的相位差作用，如此一來，即是方波，但獲得的仍是三相交流電，其頻率即為開關 ON-OFF 動作之頻率，輸出線路上的電壓峰值等於直流電壓 E_{DC}。

　　若是使用機械式轉換開關來做為轉換元件，因開關的作動速度有限，輸出頻率因而受限，加上機械式開關的使用壽命不長，實際的應用上轉換元件都是使用半導體功率元件，例如功率電晶體，閘流體(thyristors，如 SCR、GTO 等)，IGBT(Insulated Gate Bipolar Transistors ＝閘極隔離雙極電晶體)，MOSFET(Metal Oxide Semiconductor Field-Effect Transistors ＝金屬氧化半導體式場效電晶體)等。圖 2-26 是即為使用 GTO(Gate Turn-Off　thyristors)作為轉換元件的三相變流器電路。圖 2-27 則是使用功率電晶體作為轉換元件之 PWM 控制電壓源型三相變流器電路。

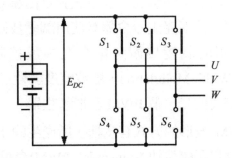

圖 2-28　三相變流器的基本電路圖

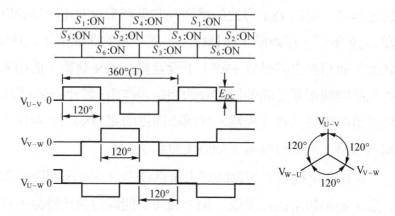

圖 2-29 三相變流器的作動原理(180°方波)及線間電壓向量圖(右)

◆VSI電力輸出的調變控制

　　馬達的輸出動力是由變流器有效電力輸出值所決定，只要能適當地控制變流器電力輸出即可達到控制馬達動力輸出的目的。變流器在電力輸出的控制上是由馬達 ECU 利用調變技術控制變流器轉換元件的"開"、"關"的方式所控制。

　　變流器轉換元件的"開"、"關"是由位在馬達 ECU 中的調變驅動電路輸出之脈波訊號所驅動。脈波訊號是由調變驅動電路中的波形產生器來產生，波形產生器會隨著使用調變技術的不同有所不同，電動車上採用的調變技術是當今在馬達控制上最廣泛採用的PWM((Pulse Width Modulation，脈波寬度調變)調變技術，因此調變驅動電路上需要的是一個 PWM 波形產生器。

　　產生 PWM 波形的方式有多種，所產生的 PWM 波形也各有不同，接下來就以正弦波法(Sinusoidal PWM)來說明。圖 2-30 所示，即為正弦波法產生 PWM 波形的原理，PWM 產生是由三角波 e_C 的載波(carrier)和參考脈波為正弦波的 e_{OU}、e_{OV}、e_{OW} 相互比較而得。

PWM 波形的輸出變化是由來馬達 ECU 改變正弦波波形來控制，當
改變正弦波的頻率時可變更 PWM 波形輸出頻率(如圖 e_{OU}，U 相和
V 相的線間電壓 V_{U-V})，當改變正弦波的電壓可變更 PWM 波形的
ON-OFF 比。

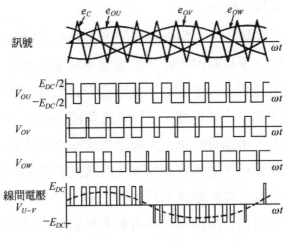

圖 2-30　三相正弦波 PWM 變流器的電壓波形

　　從圖 2-27 中可發現每個轉換元件上都反向並聯了一個二極體，
這是因為使用 PWM 控制驅動轉換元件時在電路上會有無效電流產
生，為了便於處理負載之無效電流，因此每個轉換元件上都需要反
向並聯一個二極體，稱之回授二極體。當負載的功率因數愈低，回
授二極體內的導通電流愈大。

　　回授二極體具有另一項功能，就是在馬達以發電機模式運轉(回
生煞車狀態)時作為整流器使用，換言之，回生之電能會經由回授二
極體流回電源電路，並回充至高壓電瓶或中間電路(電容器)內儲存。

　　使用 PWM 控制有一項缺點，馬達上常會有磁性雜訊產生，導

致馬達在轉動時會發出金屬響聲般的電磁噪音，尤其是在低速時特別的明顯，這是受到 PWM 頻率的影響而使輸出電壓內含有高諧波成份，使得馬達產生磁性失真的緣故。變流器的轉換元件若是使用 IGBT，可以有效降低馬達噪音。

◆馬達及變流器之冷卻

馬達的容量愈大，驅動所需使用的變流器容量也需要愈大，在回生煞車時，單位時間所產生的電能及熱能也會愈多，需用的散熱裝置散熱容量也必須要愈大。依冷卻方式來分，馬達及變流器都可分為水冷式和空冷式兩種。空冷式散熱能力較差，只適用在功率較小的馬達上，所以電動車上大部份都是採水冷式為主。變流器的搭載位置因為需要考慮到控制器本身的散熱效果，因此大多是位在引擎室，通常是安裝在變速箱的上方(如圖 2-31)。水冷式變流器和馬達是一起共用同一冷卻系統與電動水幫浦，冷卻水路和引擎冷卻系統是各自獨立的。

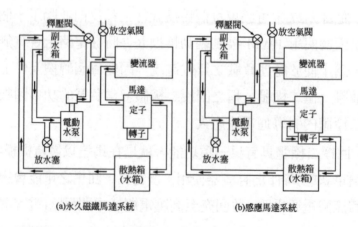

圖 2-31 水冷式馬達及變流器冷卻系統冷卻水流路示意圖(例)

3. 轉換DC-DC轉換器(DC-DC Converter)

DC-DC 轉換器的功用是將來自高壓電瓶的電力從高電壓轉成 12V 並充電至輔助電瓶(如圖 2-32)，其內部的基本電路構成如圖 2-33 所示，由單相變流器(DC/AC)、變壓器、整流器(AC/DC)等組成。來自高壓電瓶的高壓直流電首先會由單相變流器轉為交流電，再由變壓器將電壓由高電壓降至輔助電瓶的電壓，最後經整流器整流成直流電後供應至直流 12V 的電力系統或充電至輔助電瓶。

圖 2-32　DC-DC 轉換器是高壓電瓶對輔助電瓶充電的裝置

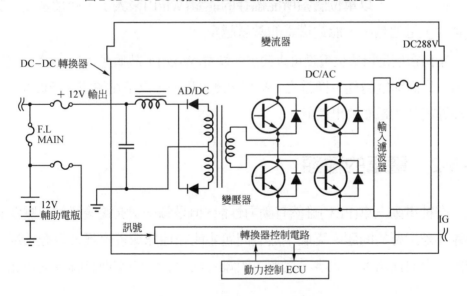

圖 2-33　DC-DC 轉換器的內部電路構成

2-5 高壓電瓶

　　高壓電瓶的功用在於提供驅動馬達運轉所需要用的電力，所以又可稱為驅動用電瓶。因高壓電瓶是提供馬達所需的電力，所以電瓶的額定電壓通常都和馬達的額定電壓相同或近似。

2-5-1 電瓶性能

　　電瓶的性能可以用能量密度(energy density)及輸出密度(power density)來表示。能量密度使用重量密度和體積密度來表示。重量密度是指電瓶每次充電車子能行駛多少距離的能力，以單位重量所能儲存的能量(Wh/kg)來表示，數值越大，每次充電的車子行駛距離越長。體積密度是指電瓶單位體積的容電量，以單位體積所能儲存的能量(Wh/L)來表示，體積密度的數值越大，電池越小，能夠搭載的數量越多。

　　輸出密度是指單位重量可以輸出的能量(W/kg)，數值越大，加速、爬坡能力、最高速度越佳。換言之，輸出密度是用表示車子在加速、爬坡能力、最高速度時的電瓶輸出性能。

2-5-2 電瓶的種類

　　在純電動汽車(PEV)雖然有動力性能，但是每一次充電後能夠行駛多長距離才是主要的問題。克服了這個問題才能在地球環境保護及資源枯竭度的對策上向前跨進一大步。對續航距離有巨大影響的電池有哪些種類呢？

下面就為大家介紹。表 2-5 是目前用在電動汽車上各種電池的特徵，圖 2-34
是以圖表來表示各種電池的優越性。

表 2-5　各種電池的特徵

種類	特徵	課題	能量密度				輸出密度		壽命(循環)	
			(Wh/kg)		(Wh/L)		(W/kg)			
			現況	將來	現況	將來	現況	將來	現況	將來
鉛開放型	高輸出密度 高信賴性	低成本	40	45	70	80	150	200	500~1000	1000 以上
鉛密閉型			35	40	80	100	200	300	400~800 以上	1000 以上
鎳鎘	高輸出密度 高信賴性	高成本 高溫性	50	60	110	120	170	180	500 以上	1000 以上
鎳氫	高輸出密度 高能量密度	高成本 高溫性	65	70	155	165	200	300	500~1000	1000 以上
鋰離子	高電壓 高能量密度	高成本	110	150	160	200	200	400	500	1000 以上

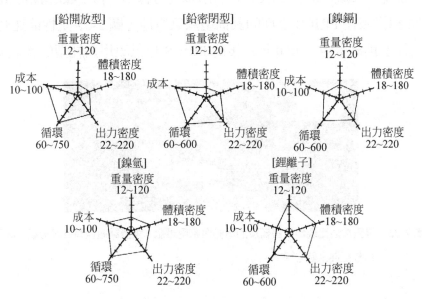

圖 2-34　電動汽車用電池的特性比較

● 鉛電池

　　只要在汽車上提到電池，當然就離不開現有的鉛電池。在內燃機(引擎)汽車上，鉛電池的主角地位是不會受到動搖，但是，作為電動汽車的動力，除了成本與回收性以外，也被定位為屬於優點較少的電池。由於航續距離的限制，它只能使用在園區內的電動汽車及有限定區域範圍的專用電動汽車，例如公車上。

● 鎳氫電池

　　混合動力車「TOYOTA PRIUS」等所使用的電池，在日本主要是由松下公司(品牌為 Panasonic)所開發，這種電池的能源密度不及鋰離子電池，但是在安全性及成本方面比較有利，所以先行採用。圖 2-35 為鎳氫電池，圖 2-36 為搭載在 PRIUS 上面的圓筒型鎳氫電池，圖 2-37 是性能比圓筒型好的角柱型鎳氫電池，2000 年以後的 PRIUS 也已改用角柱型的鎳氫電池。

圖 2-35　鎳氫電池是現階段最普及的電動汽車用電瓶。鎳氫電瓶也有各種形狀，依照搭載條件來區分。

圖 2-36　TOYOTA PRIUS 及 RAV4 EV 所搭載的圓筒型鎳氫電瓶之分電池模組。由
　　　　六個 1.2V 的分電池串聯而成，總電壓為 7.2V。PRIUS 在後座後方搭載 40
　　　　個由這種分電池模組所組成的鎳氫電瓶

圖 2-37　這也是角柱形鎳氫電瓶的分電池模組，性能比圓筒型高，比較容易搭載

圖 2-38　這是鋰離子電瓶的分電池，搭載在日產及三菱汽車的電動車上

● 鋰離子電池

　　鋰離子電池由是現階段達到實用程度的電池當中性能最高的電池(圖 2-38)，在日本是由新力(SONY)和日產汽車所共同開發。目前已使用在日產 TINO HEV，PRELISION EV 等上面，對增加續航距離有相當大的貢獻。但是，這種電池在成本方面較其他電池高出許多，雖然現階段經過改良之後成本已有降低(將正極改用價格成本較低的錳系金屬，並透過變更內部構造提高能量輸出)，對電池使用數量較少的 HEV 來說有相當的助益，但對電池使用數量較多的 PEV 來說(約為 HEV 車的 6~10 倍)，其助益就顯得有限，所以現在仍無法在 PEV 普及。

● 超大型電容器(ultra capacitor)

　　就是大容量的電容器，使用上是和高壓電瓶並聯。電動車在煞車時利用回生煞車功能來產生的電能並加以回收使用，但是，回生煞車產生的電能並不適合直接大量充電至高壓電瓶，因為將大量的回生煞車電能直接回送電瓶，就如同快速充電的一樣，是應被禁止的。

　　因此，在提高回收回生煞車能量的前提下，回生煞車電量就由和高壓電瓶並聯的超大型電容器負責回收。當減速煞車時，馬達連接到高壓電瓶的電路會被切斷，回生煞車產生電能就可由超大型電容器來吸收儲存，回生煞車產生電能再經由高壓電瓶和電容器之間的充電器充電到高壓電瓶，如圖 2-39 所示。超大型電容器是利用靜電來儲存電力，本身具有快速充電和快速放電的特性，利用電容器快速充特性，可在短時間內回收儲存大量的回生煞車電能以備加速時使用；當車子加速時，由於馬達必須通以大電流，這時，超大型電容器的快速放電的特性可使馬達在電能供應上獲得有效補助，除了可以提昇加速性能外，並可減輕高壓電瓶的負擔，延長電池的壽命。

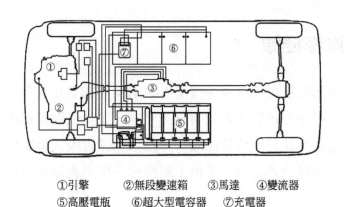

①引擎　　　②無段變速箱　　③馬達　　④變流器
⑤高壓電瓶　　⑥超大型電容器　　⑦充電器

圖 2-39　使用超大型電容器的混合動力系統

2-5-3　電瓶的 SOC

　　在電動車上，高壓電瓶的 SOC（State of Charge：充電狀態）管理的這一項重要課題上，如果能夠正確而且廣泛的妥善管理，將可使得電瓶之能力能有效活用，也是有利於電瓶小型化的一項因素。

　　高壓電瓶內的分電池數量對電瓶電力輸出及 SOC 的控制管理也是極重要的，分電池數量少對管理會較為有利。高壓電瓶各個分電池的充電狀態是由電瓶 ECU 來監控管理，使各個分電池在充電量改變時各個分電池的充電狀態都能維持均等狀態。

　　溫度對於電瓶的充電及放電的能力具有一定程度的影響，因此電瓶溫度管理是高壓電瓶 SOC 的重要管理要素之一。高壓電瓶理想的工作溫度約在 60~70℃。

2-5-4　維修插頭

　　高壓電瓶的電壓遠比汽車傳統使用的 12V 電壓高出甚多，因此對於高壓電安全性之確保在設計上均須有充分考慮，尤其是對維修人員之保護，因此在高壓電路系統有維修插頭設計。維修插頭實際是電瓶模組和電瓶模組間串聯的連接線或連接器，當拆下維修插頭即可視同是已拆除電瓶的電源線。

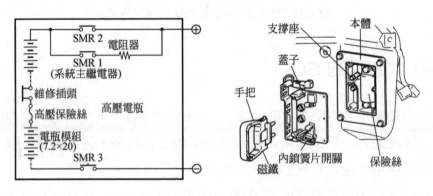

圖 2-40　維修插頭

2-6　控制系統

2-6-1　控制系統的構成

　　控制系統是整個混合動力系統的中樞，其控制的對象包括了高壓電瓶、引擎、馬達及煞車等系統，系統的組成構成龐大且複雜，為了因應行車時車子各種動態變化的需要並給予有效處理，控制系統的構成在設計上採取的是主僕架構之設計，混合動力 ECU 是控制中心，負責統合控制各子控制系統的運作。圖 2-41 所示是 TOYOTA THS 的控制系統構成情形，其主要元件和功能參考本章 2-2 節表 2-1 所示。

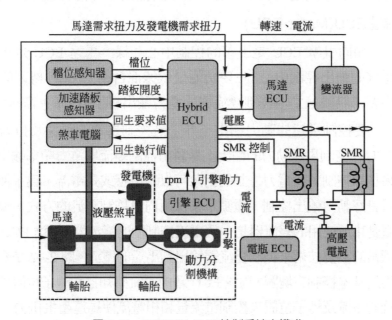

圖 2-41　TOYOTA THS 控制系統之構成

1. 混合動力ECU(Hybrid ECU)

　　這個 ECU 是整個混合動力系統的控制中樞，車輛的驅動力完全以這個 ECU 為中心來加以控制，因此又稱被為車輛控制器(Vehicle controller)或車輛 ECU。

　　驅動力的控制是由混合動力 ECU 依據加速踏板開度和排檔桿位置等訊號計算出引擎的輸出、馬達的驅動扭力和發電機驅動扭力等，並將需求值傳送給各個 ECU，再由各個 ECU 依據混合動力 ECU 需求值來輸出，達成車輛驅動力的控制。

2. 引擎ECU(Engine ECU)

　　依據混合動力 ECU 傳來的引擎輸出要求量及引擎控制系統各感知器所感測到的引擎狀況，如進氣量、水溫等來控制電子節氣門的開度及引擎的運轉，基本上，引擎的控制和傳統的 EFI 相類似。

3. 馬達ECU(Motor ECU)

　　如同引擎 ECU 是引擎的控制中心一樣，馬達 ECU 是馬達和發電機的輸出控制中心，主要功能是依據混合動力 ECU 傳來的動力輸出要求訊號適當地控制變流器的電力輸出，使馬達產生需求的動力。

　　要控制馬達的動力輸出不外乎是控制馬達的轉速及扭力，馬達 ECU 在控制馬達動力的輸出上是藉由控制變流器電力頻率輸出的方式來加以控制，而電力控制的對象可以是電壓或是電流，為了使馬達獲得良好動力輸出控制，電動車多採用向量控制電流的方式，換言之，電動車所使用的變流器是一個電流控制型的變流器，馬達 ECU 是利用適當的調變技術來控制變流器輸出到馬達的電流。圖 2-42 是交流伺服馬達基本控制方塊圖，馬達 ECU 藉由電流感知器和轉子位置感知器回授的電流及轉子位置來控制電流量和相電流使馬達產生扭力。

　　在控制變流器的電力輸出的方法我們稱之為調變技術，其中以
PWM(Pulse Width Modulation，脈波寬度調變方式)控制變流器電力輸出的
調變技術最為常用。PWM 控制的基本的動作和自動空調系統鼓風機馬達的
無段轉速控制一樣，以高速 ON、OFF 的方式來改變送到馬達的電流，進
而改變馬達轉速及扭力。PWM 控制和脈波寬度比(duty cycle)控制一樣都可
以改變脈波 ON、OFF 的寬度比，但兩者之間最大的不同點在於脈波寬度
比控制的脈波週期是固定的，PWM 控制的脈波週期是可變的，也就是說，
PWM 控制可以改變輸出脈波頻率(脈波寬度比控制事實上是 PWM 控制的
特例)。

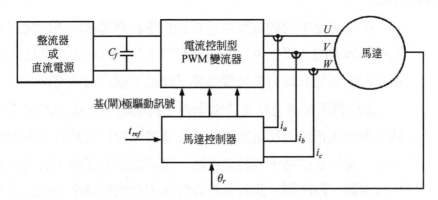

圖 2-42　交流伺服馬達基本控制方塊圖

◆馬達的正轉和反轉控制

　　要改變馬達轉動方向，只要改變三相交流馬達的旋轉磁場的旋
轉方向即可。使用變流器來驅動馬達時，要控制馬達的正轉和反
轉，係利用邏輯電路控制的方式使轉換開關元件的導通的順序相反
來改變旋轉磁場，作用原理如圖 2-43 所示。若電動車上的變速箱沒
有設置倒檔機構(如齒輪)時，倒車時即可利用馬達反轉使車子後退。

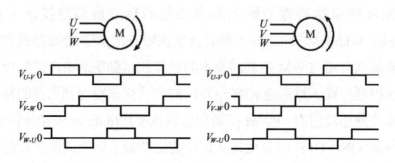

圖 2-43　馬達的正轉和反轉控制

◆回生煞車控制

(1) 概要

　　在前面 2-3 節的說明中已提過馬達和發電機的不同點在於驅動轉子轉動的方式，供以電力使其轉子轉動的稱之為馬達，而使用外力或其他的動力源來帶動轉子轉動者稱之為發電機。

　　當我們供應電力給馬達驅動轉子轉動時，馬達內部會產生和轉子轉速成正比的反電動勢，若馬達帶動的負載具有很大的轉動慣量，當停止供應電力給馬達時，由於慣性的作用，馬達仍然會持續轉動一段時間，此時常常需要藉由機械摩擦來消耗動能才能使馬達停止轉動。而且在慣性作用下，馬達內部仍舊會隨著馬達轉子的持續轉動而產生反電動勢，這個情況就如同發電機由外力帶動轉子轉動而發電的作用原理是完全一樣的，因此，這個時候馬達的功能就變為一個發電機。當馬達的功能轉為發電機時，我們稱之為發電機模式。

(2) 何謂"回生煞車"?

　　在馬達驅動的轉速控制上，可以藉由控制電力的方式使馬達轉速下降，這種方式我們稱它爲電力制動或電力煞車(Electrical barking)。電力煞車時，馬達會如前段所述以發電機模式運轉，將儲存在馬達或負載中的慣性動能轉成電能。對於電力煞車時所產生的電能約有三種方式可以來處理它，一是使用電阻將它消耗掉，這種方式稱之爲"動態煞車(Dynamic braking)"或"發電煞車"；二是將電能經適當地轉換後供應給其他系統使用；三是回收儲存，例如儲存到電瓶或電容器中。二、三這兩種處理方式就是所謂的"回生煞車(regenerative braking)"。由於電瓶的蓄電力對電動車續航力有相當大的影響，且車子本身具有的慣性力大，所以電動車即利用回生煞車的方式在車子減速煞車時將一部份的煞車能量轉換成電能加以回收。

(3) 功用

電動車採用回生煞車大致來說具有以下兩項功能，一是可以將原本捨棄不用動能轉換成電力回充至電瓶或可儲存電力的裝置，增加續航力(PEV)或節省燃料消耗(HEV、FCEV)。二是利用電力煞車來降低車速，可減少機械煞車的使用。

(4) 作用原理

如何才使馬達轉成發電機呢?只要改變磁場線圈的電力迴路，就可以切換成發電機。以使用三相交流馬達爲例，只要使馬達轉子的同步轉速低於實際轉動的轉速，讓轉率差變成負值，即可使馬達以發電機模式運轉。由於馬達的同步轉速與變流器的電力輸出頻率是成正比關係，因此，一旦降低變流器輸出頻率則馬達同步轉速即隨之降低，但若負載的慣性較大，馬達因受到車子慣性的作用仍然保持原有的快速運轉狀態,其轉率差就會變成負值,此時,馬達的輸出扭力會如圖 2-44 所示轉為負值變成煞車力,而馬達或負載所保有的慣性動能,則透過轉成發電機作用的馬達轉換成電能,再回流到變流器內。又由圖 2-44 中轉差和回生煞車力的關係可知,轉差愈大是回生煞車力愈小,因此,透過控制變流器的輸出頻率即可控制回生煞車力大小。

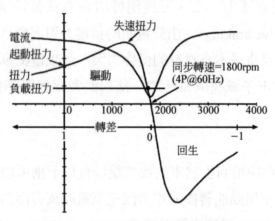

圖 2-44　扭力及電流與轉差的關係特性曲線(四極交流感應馬達)

現以圖 2-45 來說明,當變流器的轉換開關 S_6 導通而其餘開關截止(OFF)時,在馬達線圈所產生的反電動勢 E 與線圈本身的電感 L、開關 S_6 和二極體 D_4 構成一個電流迴路,使得電流 i 隨著時間而增加,如圖實線部份所示。當開關 S_6 截止,由於電感電流具有連續性,因而電流 i 會經由二極體 D_3 回到電源端,再經過二極體 D_4 構成一個完整的電流迴路,如圖虛線部份所示,此時電感 L 電流會洩放磁能至電源端,使得電感電流 i 隨著時間而減少。

由於電動車具有回生煞車功能,因此在電動車在回生煞車和液壓煞車兩方面之間必須取得一個平衡，以 TOYOTA PRIUS 為例，混合動力系統設有煞車控制系統，由煞車 ECU 來負責計算和協調控制煞車力，馬達 ECU 和混合動力控制電腦之間具有溝通電路，使電力回生和煞車都能獲最適當的控制。

　　電動汽車及混合動力車的回生煞車是由控制電腦自動判斷切換，能源的回收率大約在 10~20%，對 PEV 續航距離的延長有很大的貢獻、對 HEV 在燃料的節省上也相當大的幫助。

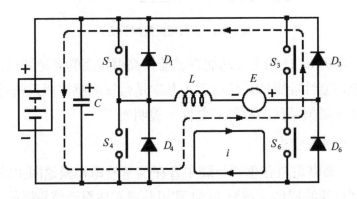

圖 2-45　U 相及 W 相在回生煞車時的等效電路及電流流向

4. 電瓶ECU(Battery ECU)

　　在前面 2-5-3 節"電瓶的 SOC"中已詳細說明過充電狀態(SOC)、分電池的均等充電狀態和溫度等三者的管理對高壓電瓶的重要性，而負責來管理它們的就是電瓶 ECU。電瓶 ECU 及其控制系統的組成如圖 2-46 所示。

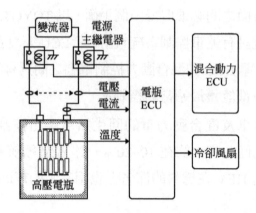

圖 2-46 高壓電瓶監控系統

　　電瓶 ECU 的主要功能在於監控高壓電瓶的充電狀態(SOC)及使高壓電瓶性能維持最佳狀態,其次是監視高壓電瓶系統是否有異常狀態,維護系統的故障安全性。說明如下:

(1) SOC的監控管理

　　高壓電瓶在車輛行駛中會在加速放電和減速回生煞車之間來回反覆的操作,電瓶 ECU 利用計算充放電流使電瓶的 SOC 維持在 SOC 控制目標值附近,如圖 2-47 所示。

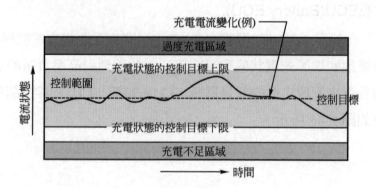

圖 2-47 充電狀態控制

(2)　高壓電瓶性能的維持

◆分電池的均等充電

　　　當高壓電瓶在進行充電時，電瓶 ECU 係以圖 2-48 所示的方式是利用感知器感測各分電池電壓的方式來監視均等充電狀態，並適切地對電瓶充電進行調節，維持分電池的均等充電。

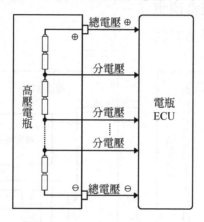

圖 2-48　分電池的電壓感測

◆溫度管理

　　　為了因應高壓電瓶在充放電時的發熱情形，確保電瓶性能，由電瓶 ECU 利用電瓶溫度感知器感知電瓶溫度來控制冷卻風扇的作動，適時冷卻使電瓶維持 60~70℃之工作溫度。電瓶溫度感知器的溫度感知原理和引擎冷卻水溫度感知器是相同的，而冷卻風扇的作動控制電路和噴射引擎冷卻風扇控制也是一樣的。

(1)　電瓶異常狀態監視

　　　透過監視高壓電瓶的溫度、電壓狀態及充放電電流等狀態來偵測是否有異常情形發生。當偵測到有異常情況發生時，會以限

制或停止充放電的方式來保護電瓶,並點亮警告燈來告知駕駛
人。高壓電瓶需要偵測項目包括:

① 電瓶本身異常偵測
② 漏電偵測
③ 電壓偵測異常偵測
④ 電瓶溫度異常偵測
⑤ 電瓶電流異常偵測

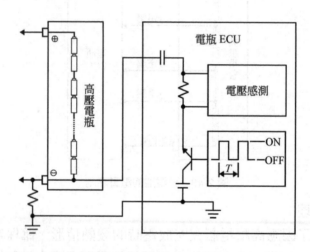

圖 2-49 漏電偵測電路

5. 煞車ECU(Brake ECU)

(1) 功能

由於電動車及混合動力車具備回生煞車功能,回生煞車和液
壓煞車之間必須要有適當的協調控制裝置以保有一般液壓煞車的
煞車能力,而負責這個煞車協調控制裝置就是煞車 ECU。

(2) 作用

　　　　煞車 ECU 是依據回生煞車感知器，車速感知器等訊號來計算總煞車力，並將計算出來的煞車力分成液壓煞車力和回生煞車力。液壓煞車力是由煞車 ECU 本身控制液壓調節裝置來加以調節，回生煞車力則是由煞車 ECU 轉換成回生煞車需求訊號傳給混合動力控制器去命令馬達 ECU 執行回生煞車的控制。煞車力的控制是採閉迴路控制，煞車 ECU 會從混合動力控制器讀取回生煞車的有效執行值，以便適當地節調回生煞車力和液壓煞車力。

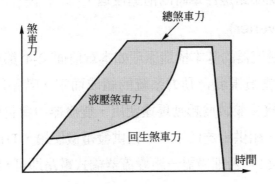

圖 2-50　回生煞車力和總煞車力的關係(例：TOYOTA PRIUS)

　　　　如同 ABS 一樣，我們可將回生煞車系統視為加裝到一般液壓煞車系統上的一個系統，即使回生煞車系統故障，車子仍可保有液壓煞車能力。再者，ABS 煞車系統已成為現今車輛的主要配備，煞車控制系統會和 ABS 系統整合在一起。

6. 加速踏板位置感知器(Acceleration peda1 Position Sensor)

　　　　加速踏板位置感知器，簡稱為加速感知器，其功能是將駕駛人踩踏加速踏板的程度轉成電氣訊訊號提供給混合動力 ECU 計算車輛驅動力需求，進而控制引擎和馬達的動力輸出，如同汽油車踩踏加速踏板以鋼索拉動節氣門控制引擎動力輸出是一樣的。加速踏板位置感知器的內部構造和汽油噴射引擎上的節氣門位置感知器一樣。

7. 檔位開關或/及感知器(Shift lever position switch or/and sensor)

檔位開關(或/及感知器)所提供之檔位訊號的主要功能有三，一是和加速踏板位置訊號一樣是提供混合動力 ECU 計算驅動力；二是提供 CVT 變速箱控制減速比的依據；三是使用馬達起步的情形下，提供做為控制馬達是否作動的依據，尤其是車子需要緩步前進(creep)，例如路邊停車時的前進後退。

8. 變流器(Inverter)

關於變流器的基本構造原理如本章前面 2-4 節中之說明，但其實際的構成須視混合動力系統的組成而定，若系統中的配置發電機，發電機又兼做為起動馬達使用，變流器中會包括兩組變流器橋式電路，一組供馬達使用，一組供發電機使用，THS 的變流器即屬此類(圖 2-51)，否則僅需一組變流器橋式電路即可，如 HONDA IMA 的變流器。

變流器的作動是由馬達 ECU 來加以驅動的，串聯式系統或當並聯式雙軸配置型系統以串聯模式運轉時，發電機用的變流器以可變電壓輸出型整流器的功能作動，此時變流器總成(發電機變流器+馬達變流器)形成一個 AC-DC-AC 變流器的狀態，如圖 2-52 所示。

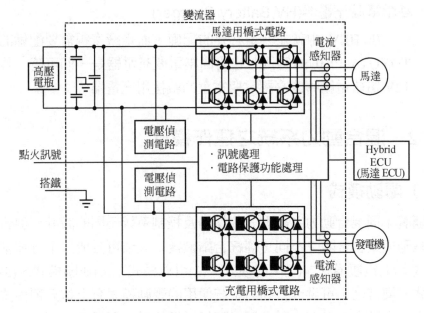

圖 2-51　變流器內部電路構造例(TOYOTA THS)

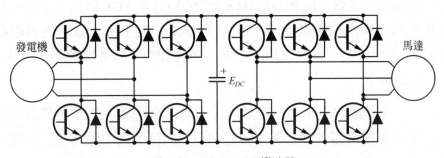

圖 2-52　AC-DC-AC 變流器

9. 系統主繼電器(System Main Relay，Main power supply relay)

系統高壓電路和高壓電瓶的連接是由系統主繼電器來控制其斷續，這如同汽油噴射系統的電瓶電力需要經由主繼電器來控制輸出是一樣的。系統主繼電器在電路斷續(ON、OFF)控制上是由混合動力 ECU 所控制。

10. 高壓電瓶充電器(HV Battery Charger)

在 HEV 中就並非是必要的配備，而是廠家視需要配備的，以 TOYOTA PRIUS 為例，它的高壓電瓶充電器是一個可將一般車用 12V 電瓶電壓轉成高壓電瓶電壓的救援用充電器。

2-6-2　混合動力系統之運作模式

（一）驅動模式

隨著不同混合動力系統型式的採用及控制系統不同的設計，混合動力車的驅動模式也會隨之不同，經綜合歸類後，大致可分成以下五種基本驅動模式：(1)電瓶模式、(2)串聯模式、(3)引擎模式、(4)並聯模式、(5)串並聯模式。換言之，可供混合動力系統使用的驅動模式有上述五種模式，但實際上混合動力車具有的驅動模式須視採用的系統型式及控制系統之設計而定。以串聯式系統、HONDA IMA 及 TOYOTA THS 為例，串聯式系統具有電瓶和串聯兩種驅動模式；IMA 運作上具有引擎和並聯兩種驅動模式；但 THS 而言，它具有電瓶、引擎、並聯和串並聯等四種驅動模式。

1. 電瓶模式

在此模式下，車子是以馬達的動力來驅動，馬達所需之電力完全由高壓電瓶供應，馬達轉速和電力的供應則依據駕駛人的駕駛需求來調節。回生煞車也是以這種模式運作。

2. 串聯模式

這種模式是串聯式混合動力系統所使用的驅動模式，所以稱為串聯模式。在此模式下，和電瓶模式一樣使用馬達動力以及依據駕駛人的需求來調節馬達轉速和供應的電力，馬達所需之電力則是由引擎以最經濟燃料消耗下的轉速帶動發電機運轉所發出的電力來供應。發電機輸出的電力須先經過整流器(即發電機變流器)整流,然後再經由變流器供給馬達,並在必要時將額外電力充電至高壓電瓶。整流器直流電流輸出的大小是由馬達 ECU 依扭力輸出需求所控制。

串聯式混合動力系統具有上述的電瓶和串聯兩種運轉模式,一般行駛時通常是以串聯模式來驅動,當加速時則輔以電瓶模式來提升加速時馬達所需之電力。

3. 引擎模式

在此模式下,車子完全是以引擎的動力來驅動,這種方式和傳統只使用引擎驅動方式是一樣的。

4. 並聯模式

此種模式是結合了引擎和電瓶兩種驅動模式所構成。在此一模式下,車子是以引擎動力為主,再加上電瓶驅動模式之動力輔助的方式驅動。

5. 串並聯模式

此種模式並聯驅動方式的一種,驅動上是以將引擎動力為直接驅動車輪和帶動發電機發電產生電力給馬達驅動車輪兩部份所構成並聯驅動方式,但由於引擎帶動發電機發電產生馬達動力驅動車輪即為串聯式系統的驅動模式,所以被稱之串並聯模式。

(二) 回生煞車模式

當車子減速或煞車時,系統即進入回生煞車模式,回生煞車作用。馬達 ECU 依據混合動力 ECU 的要求降低調變電路輸出到變流器轉換元件的驅動訊號頻率使變流器的輸出電力頻率降低,讓馬達同步轉速低於馬達實際轉速,馬達即轉為發電機,將煞車的能量轉換成電能加以回收。有關回生煞車的控制請參閱前節(2-6-1 節)之說明。

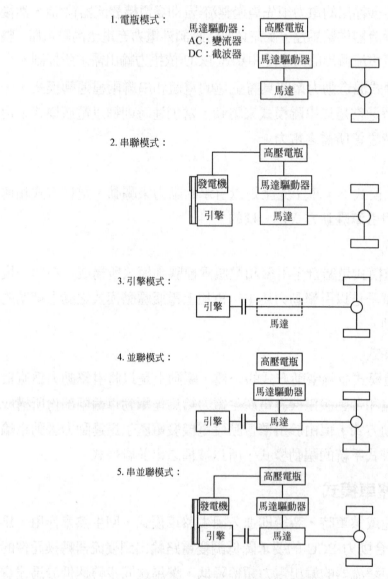

1. 電瓶模式：

馬達驅動器：
AC：變流器
DC：截波器

2. 串聯模式：

3. 引擎模式：

4. 並聯模式：

5. 串並聯模式：

圖 2-53 混合動力系統的驅動模式

（三）自動停止起動模式

　　在車輛停止時會自動停止引擎運轉，亦即會自動停止引擎的怠速運轉，此一功能稱為暫停怠速運轉(Idling stop)或自動停止起動(Automatic Stop and Go，ASG)。若引擎能在車輛在停止時自動停止運轉，引擎就不需要怠速運轉，因此不會燃料消耗問題，也不會有 CO_2 廢氣排放的問題。

　　車輛停止時暫停引擎怠速運轉是節省燃料消耗相當有效的方法，在日本以 10-15 段模式(10-15mode)所做的油耗測試指出，在一般進氣口噴射的汽油車上使用暫停怠速運轉功能可減少 15%的燃料消耗，而 GDI 引擎汽油車使用暫停怠速運轉功能可減少 10%的燃料消耗。

　　既然引擎自動停止運轉是有效節省燃料消耗的方法，對混合動力車而言，若只在車輛停止才作動就顯得較為可惜且沒有效率，因此若能依據系統本身的特性善加適當運用便可以提高它的效能，例如雙軸配置型並聯式系統在起步、低速時是以馬達來行駛，若能在減速時配合低速以馬達來行駛的條件，當車速降低到某一車速以下時啟動引擎自動停止運轉功能便可更加有效節省燃料消耗，以 TOYOTA THS 為例，減速時，車速約低於40km/hr 時引擎自動停止運轉功能即會作動。

　　然而，引擎自動停止運轉功能是並非在每次車子停止時都會作動，而是有其作動條件的，在下列的情況下引擎是不會停止運轉：

1. 在電瓶必須充電時。

2. 空調壓縮機必須運轉時。

3. 引擎冷卻水溫度上升到需要冷卻循環時。

4. 引擎需要暖車時。

　　停車後重新起步行駛時，引擎的再起動與否是由混合動力 ECU 依據驅動力需要所決定驅動模式來決定。引擎的再起動是由馬達 ECU 依據混合動力 ECU 送來的訊號控制變流器使發電機(或馬達)以起動馬達功能來發動。

2-6-3　系統之作動

　　本節中的系統作動說明，將以並聯式雙軸配置型系統來做說明，其他型式之系統則就其與並聯式雙軸配置型系統異同之處另做說明。此外，事實上即使採用相同型式之系統系統的實際運作仍需視各個生產廠家的設計而定。詳細有關各主要生產廠家之混合動力系統的運作說明可參閱後面各章。

（一）並聯式雙軸配置型系統

　　一般而言，並聯式雙軸配置型系統的作動情形如圖 2-54 所示，在起步及低速行駛這種引擎效率差的時候是利用馬達行駛。在引擎效率較好的高速及高負荷行駛時則是用引擎行駛。而在特別需要大驅動力時，採用馬達輔助引擎的方式來行駛。回生煞車機能則在減速時會在作用，暫停怠速運轉機能則在停車時作用。

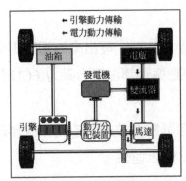

(a) 起步、低速行駛時

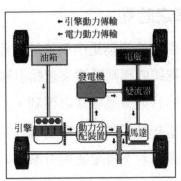

(b) 一般行駛時

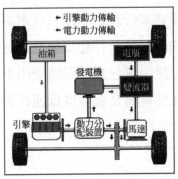

(c) 高負荷時

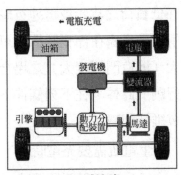

(d) 減速時

圖 2-54　並聯式雙軸配置型系統之運作

系統之起動

　　系統的起動方式和現有的汽車一樣，將點火開關鑰匙轉到起動位置(ST)後放開即可起動系統。不過，起動系統時並不會像去那樣會聽到引擎的起動聲，其原因有二：

1. 系統的起動是在混合動力ECU接收到起動訊號後即會自行啟動。
2. 引擎若需要起動，它是由三相交流同步發電機或是馬達來起動，起動的性能及肅靜性高。

引擎之起動

引擎的起動是由馬達控制器依據混合動力 ECU 發出來的起動指令使發電機轉成起動馬達來起動引擎。引擎的發動與否都由混合動力 ECU 依據車子的狀態做最適當之控制。

當起動系統時，若引擎在冷車狀態，則引擎會被起動運轉，待預熱完畢之後，若不需要使用引擎動力則引擎自動停止運轉。

起步、低速行駛時

在低負荷之起步或低速行駛時以電瓶模式來行駛，亦即只使用馬達動力，引擎則是處在停止狀態，可節省燃油的消耗。若在起步或低速行駛之負荷大（節汽門開度大）之場合，則會直接將引擎起動，同時使用引擎及馬達行駛。此外，在下列條件下，即使是在低負荷之起步或低速行駛，引擎仍會維持運轉：

1. 高壓電瓶需要充電時。

2. 冷氣壓縮機需要運轉時：冷氣鼓風機開在全開位置(FULL)。

3. 引擎冷卻水溫度上升到需要冷卻循環時。

4. 引擎仍在暖車期間時。

雖然在上述條件下引擎仍需運轉，但卻不用來驅動車輛行駛，這比起要驅動車輛，引擎的負載已減輕許多，故其單位時間的燃料消耗量很低。

一般行駛時

行駛時以引擎為主，但由於引擎在低速高負荷運轉時的燃料消耗率較低，系統驅動模式仍會依實際的行車狀況做適當調整。例如當行駛條件沒有達到某一程度以上的高負荷時，藉由調整發電機之發電量來增加負載，使引擎維持在最適當的負荷狀態，換言之就是讓引擎維持在最佳燃料消耗率線上的某一適當的負荷轉速運轉。引擎因增加負載而多餘產生之能量則經由發電機轉為電力由高壓電瓶回收，或是驅動馬達。在配備 CVT 的場合下，若不需要回收能量時，則也可藉由控制 CVT 之變速來調整引擎轉速使引擎能夠維持最佳燃料消耗率線上運轉。

高負荷時

引擎以最大馬力輸出而驅動力仍有不足時的高負荷狀況下，由高壓電瓶供給電力給馬達來增強整體之驅動力。

減速時

減速時引擎會中斷燃料噴射，同時回生煞車系統作動，馬達的功能轉變為發電機，在減速或煞車的過程中將一部份的車輛動能之轉成電力並回收儲存到高壓電瓶中。

HEV 能和一般車輛同樣可以不踩煞車來減速，此時能量的回收量是設定較少的狀態，煞車油壓不產生作用。

回生煞車的作動與否是由電腦依需要來加以控制的，在低速減速時是不會作用的，如同汽油噴射系統的中斷燃料噴射一樣。

後退時

有些 CVT 變速箱沒有設置倒檔，在倒車後退時是使用馬達來行駛，也就是使馬達反轉來達成倒車的工作。

停止時

在車輛停止時自動停止起動模式作用，引擎自動停止怠速運轉，以節省燃料的消耗及減少 CO_2 的排放。

（二）並聯式單軸配置型系統

此型混合動力系統的系統起動和引擎起動同雙軸軸配置型系統一樣。在車輛驅動方面，除在高負荷及加速等需要較多驅動力情況下是以並聯模式驅動模式驅動外，其餘均以引擎模式運作。減速時，回生煞車模式作用，停車時則會進入自動停止起動模式。

（三）串聯式系統

此型混合動力系統的系統起動和引擎起動和前述兩型相同。在車輛驅動方面，低速或起步時以電瓶模式運作，一般正常行駛時以串聯模式運作，高負荷及加速等需要較多驅動力情況下則以串聯模式+電瓶模式驅動。減速時，回生煞車模式作用，停車時則會進入自動停止起動模式。

2-7　附屬配備

2-7-1　輔助電瓶(auxiliary battery)

電動車(HEV、PEV)除了必須具備一般汽車的基本性能「行駛、停止、轉彎」等能力外，在一般道路上行駛和內燃機(引擎)汽車一樣需要儀錶、車燈，喇叭、雨刷、音響，以及空調裝置等附屬配備都不可或缺，，這些配備除了儀錶略有修改之外，大部份的零件都可以和一般車輛共用，也就是說附屬配備所使用的電源為直流 12V。因為使用直流 12V 用的附屬配備，就可以繼續使用一般流通性的零件，為了利用這些零件，電動車上也都會搭載一般汽油車上所使用 12V 的電瓶(即鉛蓄電瓶)，並將它稱為輔助電瓶。除了前述的因素外，車上的各種的電腦控制系統，如 ABS，SRS，電動車的控制系統...等都是使用 12V 的電力，因此使用輔助電瓶來提供 12V 的電力是不可少的。

2-7-2　動力轉向輔助裝置

為了以節省能源消耗，大部份的 HEV 都是採用電動式動力轉向輔助裝置，因此不再需要使用常態性運轉的油壓泵，只要在有需要動力轉向輔助的時候，依照需求來輸出輔助能量即可。使用電動式動力轉向輔助裝置有另一項之優點，即使是在引擎停止運轉時，仍然具有動力輔助轉向功能。

2-7-3　儀　錶

HEV 的儀錶總成在內容上大致和汽油車儀錶總成相同(如圖 2-55 所示)，雖然各汽車廠的混合動力系統略有不同，基本上大部份的 HEV 的儀錶總成上會多出 **READY** 燈和動力輸出限制警告燈(俗稱烏龜燈)這兩個指示燈。

由儀錶總成是否設置 **READY** 燈和動力輸出限制警告燈我們可以判定馬達在混合動力系統中所扮演的角色，若馬達純粹是輔助的功能，儀錶總成並不一定需要設置這兩個指示燈，如 HONDA INSIGHT(IMA)；若系統會單獨使用馬達來驅動車輛，則儀錶總成上必會設置這兩個指示燈，如 TOYOTA PRIUS(THS)，NISSAN TINO(NEO HS)。

上的 **READY** 燈亮起並顯示 **"READY"** 字樣。假如混合動力系統有些異常現象，而 **READY** 燈未點亮時，在這種情況下，則應該與服務廠商聯繫，請求協助。

● 動力輸出限制警告燈

動力輸出限制警告燈，在儀錶總成上是以"烏龜"的符號來表示，所以又被稱為"烏龜燈"。在下列的情況下，烏龜燈會亮起來，這表示高壓電瓶電力的輸出將會受到限制：

(1) Hybrid系統連續高負載運轉，馬達、變流器…等的溫度過高時。

(2) 電瓶中殘存的電力很低時。

(3) 大氣溫度太低且驅動電瓶的溫度低於攝氏零度時。

動力輸出限制警告燈不是用來指示功能出現異常狀態的，當此燈亮起時，若不要重踩加速踏板並適當控制行駛速度，使電瓶恢復到充電狀態，待充電量一恢復此燈自然而然就會熄滅。當此燈再度亮起時，加速性與爬坡性將比正常情況時來得差。而從另一個觀點來看，包括在高速公路上行駛，汽車都能如同在正常駕駛情況下來行駛。

圖 2-55 TINO 混合動力車的儀錶

2-7-4　顯示器

　　如圖 2-56 所示，HEV 通常都會在儀錶之外另配置一個液晶顯示器，這個顯示的主要功能是用來顯示混合動力系統的運作狀態，以及顯示能量使用及回收的狀況，如能量狀態的歷程、剩餘電量…等訊息，提供駕駛人參考(圖 2-57、圖 2-58 所示)。除了主要功能之外，液晶顯示器的附屬功能各車廠之間有相當大的差異，這方面因和混合動力系統無關，這裡不另做說明。

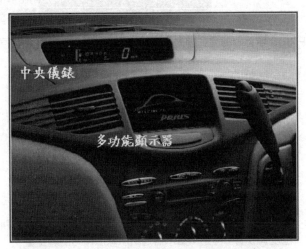

圖 2-56　PRIUS 混合動力車上的儀錶及顯示器

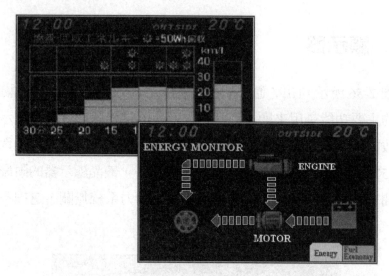

圖 2-57 PRIUS 顯示器的混合動力系統的運作狀態,及能量使用及回收的狀況

圖 2-58 PEV 的儀表板和內燃機汽車一樣,燃料剩餘量指示器的顯示方法
也沒有改變。但是,指示器是顯示電瓶電力的剩餘量。

		91 年	92 年	93 年	94 年	95 年	96 年	97 年
轎車	普通	2	2	0	0	0	17	180
	小型	6	21	51	21	32	45	321
貨車	普通	4	4	1	3	1	0	0
	小型	29	46	30	39	10	12	24
共　乘　車		0	0	1	0	1	0	0
特殊用途車		2	6	2	0	0	0	0
輕型汽車	家用	0	10	24	27	16	2	0
	商用	296	396	261	212	148	81	91
輕型三輪車		0	0	1	0	0	0	0
自　行　車		15	39	390	310	163	25	82
合　　　計		354	524	721	612	371	128	699

圖 2-59　日本電動車的生產台數(1998 年 5 月 18 日統計)

HYBRID ELECTRIC
VEHICLES

3 TOYOTA PRIUS

3-1 環保概念車

1. 目前，國際上所關心的主要課題，在於節省能源及防止全球性的昇
   溫現象。就豐田汽車而言，認為提供清新而且安全的汽車，以及解
   決環保問題都是時下最重要的考量。另外，從各種使用能源方式的
   觀點來看，必須將未來石油可能短缺的狀況納入考慮，因此目前正
   有許多發展性的技術正在進行中。

圖 3-1　TOYOTA 的環保計畫

2. 參考圖3-2所列各種「環保概念車(Ecological green car)」的發展現況，
   可見到所有車種的研發計劃。豐田汽車不僅對現有的內燃機引擎投
   入可觀的性能提昇研究，像是：直接噴射式柴油引擎，直接噴射式
   汽油引擎(D-4)，稀薄燃燒式引擎等等；同時豐田汽車也進行研發替
   代式能源引擎，例如：「壓縮天然氣汽車(CNGV＝Natural Gas
   Vehicle)」，「串聯式混合動力車(Series Hybrid Vehicle)」，「電動
   車(Electric Vehicle，EV)」，「燃料電池電動車(Fuel Cell Electric
   Vehicle，FCEV)」等。「豐田混合動力系統(Toyota Hybrid System)」
   就是其中一項的重要研發成果。

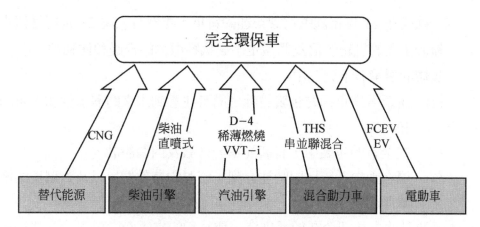

圖 3-2　TOYOTA 採取的環保對策

3.　1997年6月，豐田汽車對豐田混合動力系統(Toyota Hybrid System，
　　THS)做了一次技術方面的展出，並在同年10月，在日本市場發表採
　　用THS 的Prius車款；到同年12月10日，這部世界首次大量生產的混
　　合動力車正式銷售。到1998年5月止，月產量為1,000輛，然而從1998
　　年7月起，躍昇到2,000輛。截至1998年8月，總掛牌車輛數目，累積
　　達到12,000輛。

就從上述市場銷售來看，我們領略到用車人對於環境的關懷，日益
擴增。此外，豐田汽車也對外宣佈，下一步是在 2000 年時同時在美
國及歐洲市場推出 Prius 車款。

Prius 的拉丁原文意涵為"Prior to，or In advance of"(是「領先」的意
思)。如同其名所指，Prius 是豐田汽車公司領先其他汽車公司推出的
混合動力車，也是同類型車款中第一部生產的車輛 「21 世紀的 4
門轎車」。Prius 開發的重心是注重在減少「二氧化碳」排放及節省能
源的目標上，能創造出一部可追求「汽車樂趣」，並可使人車之間和
諧，汽車與地球之間融合的革新車款。換句話說，豐田所研發的是

一款能在 21 世紀體驗駕駛樂趣的新車，雖然有人說 21 世紀是汽車難於生存的世紀，但我們還是不必犧牲汽車的樂趣和便利性。

具體的對策有下列三項：

(1)　重新考慮車輛的包裝設計，同時注意到未來的需求性和人車的和諧性。

(2)　在全新的包裝中，有著先進的外觀及內裝設計。

(3)　混合動力系統已同時注意到了資源的有效使用以及對環境的衝擊問題。

4.　設計的主要理念在於「創造一種全新的立體空間感覺」；依據充實的現代化的車型處理方法，讓人看到了全新動力系統的身影，用以迎接即將來到的21世紀。

5.　從前方來看，短俊的引擎蓋，搭配大型複合式頭燈，小巧的水箱罩，以及厚實保險桿。

圖 3-3　車頭設計

6.　從側邊來看，獨特的外型結合線條之設計，調和了人車的協調性，進而強化了先進感與獨特感。

從設計眼光來看，車身的線條和輪圈的反光，讓完整的車型更突顯出它的優雅的氣質。配合著前葉子板線條清晰鮮明的特性，以及尾部的藝術化處理，創造出了一種具有豐富藝術氣息的全新立體感覺。

7. 從後方來看，從車頂到後行李箱底部由平順的交叉線條所構成，完全呈現出低重心的感覺，加上後車燈組與保險桿的圍繞，展現出來的是一種強調寬大穩重的形象。後行李箱蓋的表面處理，無論是從側面看或從後面看都能呈現出其獨特的外型。

圖 3-4　Prius 的側面外形　　　　圖 3-5　　Prius 尾部外形設計

8. 內裝設計方面，以先進的人體工學內裝設計概念，創造出了一種能同時追求功能性和個性美兼具的品味，以及乘坐的舒適感。在車內空間方面，以人車和諧的空間設計概念，創造出了舒適開逸的感覺。

9. 其中最為突出的部份，要算是各種儀錶和操控系統和開關，都集合在中間區域。

從儀錶板的下半部延伸到車門飾板及座椅的設計非常柔性，給人一種優雅感覺。門飾板 扶手和絨布簡潔而洗練的排列，形成一種「環艙舒適性」的放鬆感。現代感的座椅，有效地結合了精緻的功能性和設計性，完成一種高標準的舒適與安全環艙。

位於儀錶板中間的數位式儀錶，幾乎是不會反光(反光率 0.1％)，因此儀錶上方不再需要反光遮板。

圖 3-6 人體工學的內裝設計

10. 由於儀錶採遠離駕駛人的配置方式，能減少駕駛人向下俯視角度，
可適度地減少駕駛人視線的移動，並可使讀錶時間縮短。

在標準配備方面，Prius 配備了一個有 5.8 吋螢幕的顯示器來顯示下
列各個訊息：音響/車況資訊(混合動力部份，能源的多寡，燃料消耗
以及回收的能源)/AV 影音調整/FM 電台/警示等訊息。

就配備而言，在日本市場上還可選配 VICS 系統(車輛資訊動訊系統
＝道路交通資訊提供系統，Vehicle Information Communication
System)。

圖 3-7 中控台之設計

11. 全新發展的轉向機柱式(Column-Type)排檔桿，就裝在儀錶板上。扳機式的按扭提升了操控性和顯示器螢幕的可視性。此外，採用了腳踏式駐車煞車，這種稱為「人行道」式的配置設計讓乘客座與駕駛座之間有著充足的移動空間。方向盤的調整桿位在轉向機柱的側面，因此人和方向盤之間的關係位置，不一定要藉由變動座椅位置來調整。

12. 大型的緊急警示燈開關(hazard switch)就位於中央顯示螢幕下方，提供了極佳的操控性和可見性。

圖 3-8　前座的空間設計　　　　圖 3-9　警示燈開關

13. 經過長期對座椅的壓力分佈，變形，震動等特性的分析研究，座椅在設計上保證可以讓人獲得乘坐的舒適感。在撞擊的情況下，對頸椎傷害的安全考量也都經全盤設計。另外，座椅可以前後有225mm的移動距離，以及上下45mm的高度移動量，加上座椅調整手把又可以同時用來調整椅墊和椅背，使乘者在乘坐上有「合適」的舒適感。

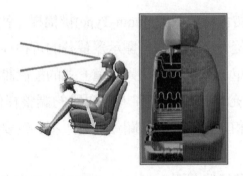

圖 3-10　座椅設計

14. 為了提昇舒適度，空氣濾清器負責過濾污染物質及灰塵，空氣濾芯的更換非常的簡便，只要壓下手套箱兩側的卡榫，將手套箱往下移即可。後暖氣風管為本車的標準配備，可提升後座的暖氣功能。

　　此外，門鎖裝置方面則配備無線遙控式中控門鎖。

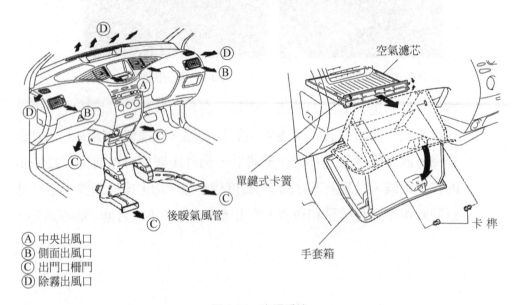

空氣濾芯

單鍵式卡簧

後暖氣風管

Ⓐ 中央出風口
Ⓑ 側面出風口
Ⓒ 出門口柵門
Ⓓ 除霧出風口

卡榫

手套箱

圖 3-11　空調系統

15. 以有效率的配置觀點來看，已創造了更大的置物空間。包括：
    (1) 5.9公升的大容量中央置物箱，能容納一台6片CD換片機，並附有一個可放兩個罐子置杯架，以及一個隱藏式置物盒。
    (2) 加大的6.3公升手套箱。
    (3) 位於中控台下方的多用途置物空間。
    (4) 乘客座椅下方的儲物盤，前座椅背各有一個置物袋。

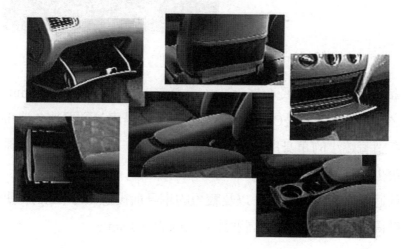

圖 3-12　置物空間

16. 就整車包裝設計而言，主要著眼於「車內最佳化/車外最小化」，其主要目的在於創造車內可乘坐四位成人的舒適空間，而保持車型外觀的儘可能縮小。

圖 3-13 「車內最佳化／車外最小化」的整車包裝設計

17. 車身尺寸為：車長4275mm × 車寬1695mm × 車高1490mm。簡言之，Prius提供的是Camry的車艙空間，但是車長卻可比Corolla短。這意謂著嬌小的車身所佔用的道路面積較小，因此消耗的資源及能量較少。

舒適挺直的駕駛位置，以及較短的車身前後懸(overhang)，使操控性變得更好。Prius 的總高度比 Carina 高 80mm。

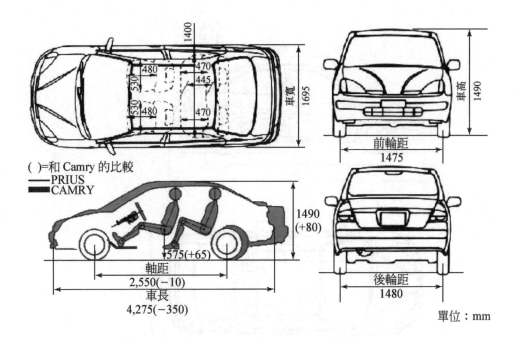

( )=和 Camry 的比較

—— PRIUS
■■■ CAMRY

單位：mm

圖 3-14　車身的設計尺寸 1

18. 為了要能實現車身最小化的設計，Prius的THS動力系統，包括引擎
　　和發電機/馬達等，都是為了配合引擎室的小型化來加以設計和配
　　置。至於維持車艙空間的作法，則是透過將軸距加長到2550mm的方
　　式來達成，不過其總車長4275mm仍然比Corolla短。

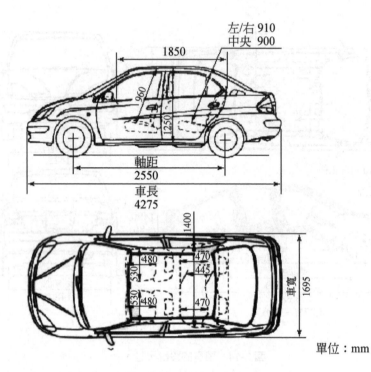

圖 3-15 車身的設計尺寸 2

19. 為了讓乘客進出更方便,臀位距離地面為575mm,高度介於一般轎車及RV車(Recreational Vehicle)之間。同時,將車頂昇高,使得頭頂空間加大,前門運用了大開度的設計(車門鉸鏈採傾斜式設計)。駕駛座的座椅位置提高之後,提供了更寬廣的視野,相對地也變得更容易駕駛。

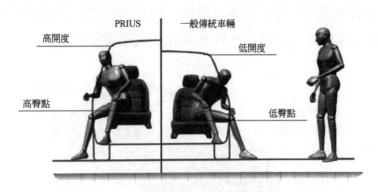

圖 3-16　大開度前，車門設計及座椅高度設計

20. 全新設計車型與前輪懸吊的設計，可使轉向角度更為加大，雖然軸距有2550mm長，但車子的迴轉半徑仍然可縮小到4.7m。

圖 3-17　迴轉半徑

21. 採用GOA(Global Outstanding Assessment，世界頂級水準的安全設計，世界最高水準的安全性評價)的撞擊安全性車體，由衝擊吸收車體，以及經過特別強化的車艙所組成。例如，在車體設計之初，就盡量使側前樑保持平直，此種設計能產生有效的衝擊吸收性。另外，A柱支架(pillar brace)和前隔板橫樑(dash cross members)的配置設計，也可以分散撞擊力。

車頂邊軌使用的是超高張力鋼材；在B柱材質強化方面則應用了「高週波淬火處理」的新技術將其提昇為高超高張力鋼材。

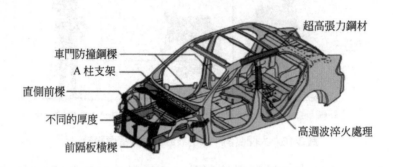

圖 3-18 GOA 安全車體

22. 為了減緩撞擊時對頭部的衝擊力，在A柱、B柱和車頂邊軌的飾條(garnish)內填塞了能吸收衝擊力的樹脂肋狀材料(resin rib)。採用肋狀的結構設計可減少撞擊時的衝擊力量。

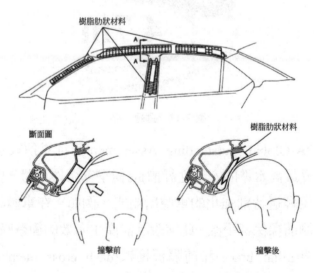

圖 3-19 使用樹脂肋狀材料的安全結構

23. 駕駛座及乘客座各配置了一只安全氣囊。

24. 為了減少從車後撞擊時的衝擊力,採用具有WIL(Whiplash Injury Lessenning,減少頸部傷害)功能的新型座椅。為了維持座椅有穩定的感覺,乘坐的壓力分配,變形量,震動性都經過仔細的分析,因此座椅完全依據上述各項測試的結果來加以設計。另外,座椅調整把手在構造上採用了整體式設計,可以同時用來調整座椅椅墊和椅背,無論是前後移動或在高度上,乘坐人員都能依照自己的需求調到適合的位置。

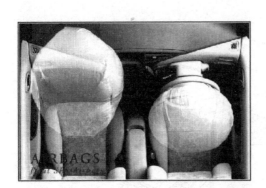

圖 3-20　具 WIL 功能的新型座椅

25. 駕駛座與乘客座的安全帶設計,都有一只拉緊器及拉力限制器。乘客座的座椅配有乘坐感知器與未繫安全帶警示燈,這樣的設計可使安全帶警示功能只在乘客座有人乘坐時才會作用。

對胸部的拉力較小

圖 3-21 安全帶之作用

26. 座椅的設計考量上,有多項為孩童設計的配件。

圖 3-22 座椅

27. 縱使燃油消耗非常少,如果車輛的駕駛性很差,該款汽車也會缺少
吸引力。

車子的懸吊系統必須具備重量輕,要有低風阻,而且同時也要維持
它的功能性。由此一觀點來看,21 世紀轎車最佳的懸吊系統組合是
前輪選配 L-型下臂的麥花臣式懸吊,而後輪選用軸樑置於兩拖臂之

中間的扭力樑式懸吊。

由全新設計的後輪懸吊系統，使得後行李箱得以載運四套高爾夫球袋，同時，較低的後箱蓋使得裝卸物品都更方便。

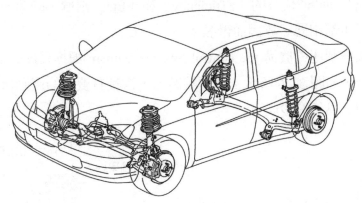

圖 3-23　懸吊系統

28. 圖3-24所示的前輪懸吊系統，引進穩定桿的設計，提高搖晃擺動的鋼性(roll rigidity)。

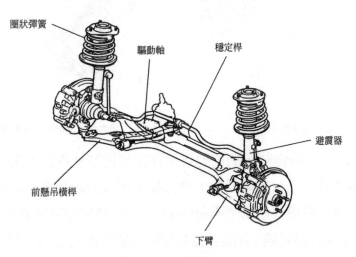

圈狀彈簧　　驅動軸　　穩定桿　　避震器　　前懸吊橫桿　　下臂

圖 3-24　前輪懸吊系統

29. 後輪懸吊系統也有全新的研究成果，命名為「Eta樑懸吊」，包括前傾控制結構。命名Eta具有「Efficiency，效率」的含意，其原因是Prius的後輪懸吊系統由平面來看有類似H型的設計，像是希臘字母中的"η"，而"η"代表的「Efficiency」和「Eta」兩個字的第一個字母及發音也都相同，故因而得名。

前傾控制連桿機構(toe control link mechanism)與拖臂(trailing arm)的結合，如圖 3-26 所示。在連結區內，樑軸有雙重的震動保護設計，也因此易於減少噪音。

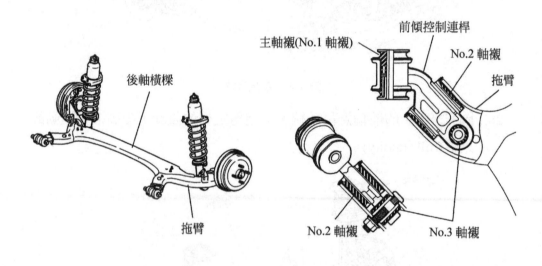

圖 3-25　後輪懸吊系統　　　　　　　圖 3-26　前傾控制連桿機構

30. 圖3-27表示轉向時，側向力作用在前傾控制連桿的效果。在傳統的軸襯式設計上，在轉向時，會因輪胎側向力的產生和載重的變動加大，因而使得外側輪胎的前展(toe-out)傾斜和而導致轉向力降低。

「Eta 樑懸吊系統」會因為控制連桿的關係而產生較小的前展傾斜變化。因此，前傾控制連桿可減少轉向力降低，轉彎的效能因而獲得提昇。空間的利用效率也是這種扭力樑式懸吊設計的另一項特徵。避震器和彈簧是裝在輪軸的前方，因此其尺寸可以縮小，並使後行李箱的容量增加。將 Eta 樑置於輪軸的中間，提昇了輪軸的鋼性，可控制不必要的車身扭曲。

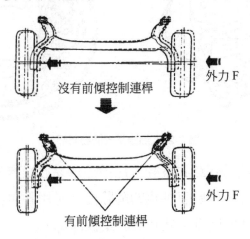

圖 3-27　前傾控制連桿對側向力的效果

31. 圖3-28表示了「循向」的作用，前進和後退的循向作用對於乘座的舒適性有很大的影響，前傾連桿的軸襯可確保循向作用和連桿的活動，因此由路面傳來的晃動及上下震動都會減小。

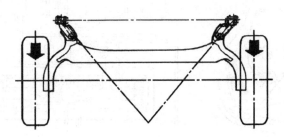

圖 3-28　前傾控制連桿的循向功能

32. 煞車方面，前輪爲通風型碟式煞車，後輪爲鼓式。

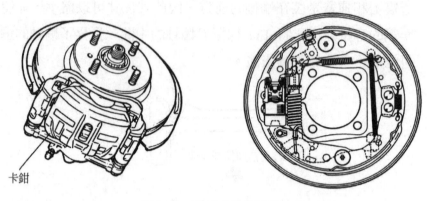

卡鉗

圖 3-29　煞車系統制動元件

33. 駐車煞車系統爲腳踏式設計，比手煞車易於操作。駐車時，用腳將
踏板踩到緊即可。駐車煞車的解除方式是用腳再次將踏板用力踩下
直到聽到鬆開的回音，此時放開踏板即可。

本車同時配有第三煞車燈(high mounted lamp)和防鎖煞車系統(ABS)。

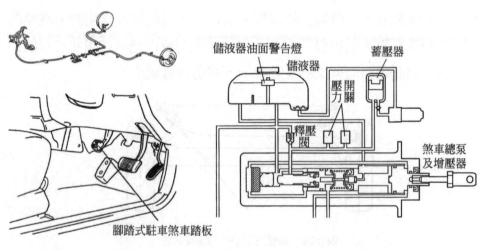

儲液器油面警告燈
儲液器
蓄壓器
壓開
力關
釋壓閥
煞車總泵
及增壓器
腳踏式駐車煞車踏板

圖 3-30　駐車煞車　　　　　圖 3-31　油壓煞車系統

34. 煞車油壓系統之動力源爲是使用標準化的液壓增壓系統，它利用泵浦馬達使煞車油產生蓄壓作用的方式來補助煞車踏板之踏力。

　　液壓增壓器同時具有增壓器及煞車總泵的功能。最佳的油壓迴路是將增壓器產生的油壓直接引導到後輪煞車上，而前輪煞車只使用煞車總泵產生的油壓。經由這樣油壓迴路設計，在 ABS 和煞車回生發電之間可得到適當的控制。

35. 對於車身，強化了其隔熱結構，降低車內溫度因外部變化所受的影響，例如在每一扇門和後窗都採用阻隔紫外線(UV)的綠色玻璃，陽光能量傳遞可減少約13%。

　　經過上述處理後所做的一項效率測試顯示，將車子放置在強烈的陽光下三小時後，和一般的車輛相比較，其座椅的表面溫度可降低 4°C，儀錶板表面溫度可降低 6°C。裝上 20mm 的氨基甲酸乙酯在車頂蓬下方和 15~20mm 隔熱物質在地毯背面後，由車頂蓬和車底進入之熱能大約可減少 20%。而在後窗玻璃上方裝置陶瓷遮陽片(ceramic sun shade)可遮斷直接照射的陽光。

圖 3-32　車身隔熱的對策

36. 汽車要省油不僅是要考慮引擎的效率而已，還要考慮如何降低引擎的負荷。除了引擎本身的耗油量是關心的重點，整部車子燃油消耗的經濟性更是重要。空調系統對現今車子的耗油率有很大影響，因此空調系統的效率是車子節省能源的一項重要因素。Prius的空調系統採用內/外氣流的兩層式空調。

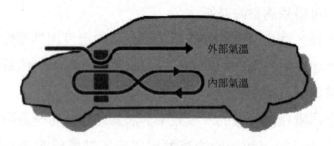

外部氣溫

內部氣溫

圖 3-33　內外氣採上下兩層(two-zone)結構設計

37. 利用上下兩層(two zone)的結構，減少換氣的總體積，也降低了換氣的負荷。當按下空調模式開關的「A/C」開關時(A/C模式)，停車時會停止引擎運轉，而壓縮機也處於關閉位置；當按下空調模式開關的「FULL」開關時(FULL模式)，引擎即可運轉並帶動壓縮機來加強冷度。

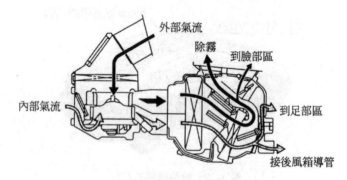

外部氣流

除霧　到臉部區

內部氣流

到足部區

接後風箱導管

圖 3-34　採上下兩層控制時的氣流流動

38. 另外一種用來強化空調的方式如下：壓縮機為渦捲式，由一個轉子和一個定子所組成。當轉子因旋轉而移動時，轉子和定子間的空間會產生吸入，壓縮，排出氣態冷媒的作用。壓縮機的運轉是藉由內、外氣溫感知器和太陽能輻射(日射量)感知器等信號來加以控制。

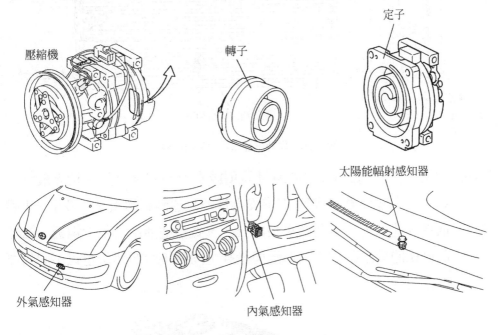

圖 3-35　恆溫空調系統元件

39. 冷凝器引進「過冷卻區」的設計，傳統式的冷凝器和儲液器(回收循環)將液-氣兩態的冷媒加以分離，只將液態冷媒送進蒸發器中。

新設計上，冷凝器可以再分成冷凝區和過冷卻區，再安置「氣-液分離器」在此兩區中間。因此已凝結成液態的冷媒會再冷卻一遍，使液態冷媒可攜帶的能量加大，充分提高冷氣系統的效率。

此外，供暖氣使用的電子驅動式水泵浦，其運轉與否是根據自動空調開關所設定的溫度來決定。

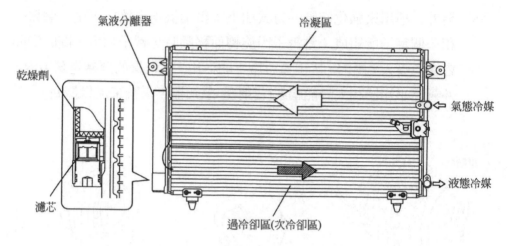

圖 3-36　具有冷卻區設計之冷凝器

40. 採用全新結構設計的GOA(世界頂級水準的安全設計＝世界最高水準的安全性評價)車體來增進安全性並且達到減輕重量的效果。車體構造詳述如下：車體總重1240公斤，廣泛地運用高張力鋼板。車體前側樑的前半部採多角形斷面設計，同時接合的部份也以不同的厚度來接合。

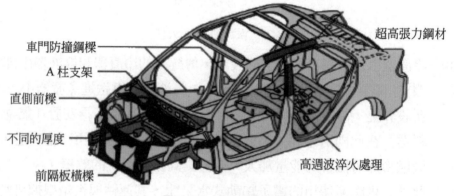

圖 3-37　GOA 車身結構

車頂邊軌外部及後段車地板也使用高張力鋼材。而在 B 柱鋼材的強化上則應用了「高週波淬火處理」的新技術，使它成為高張力鋼材，後車窗則設計成較薄的玻璃。

重量輕的線束(wire harness)也會影響整車的重量，透過「車身多功能資訊電腦系統」來控制 EFI(電子燃料噴射)/車身/空調等系統，使連結各系統間的電路可從過去的 74 條縮減成 33 條。

41. 空氣阻力也對車輛行駛的燃料消耗有很大的影響，因此透過電腦的分析來降低C_D(風阻係數)值。車體設計不僅要追求好看的外型，也同時要考慮氣流的作用，尤其是要注重氣流能否平順地通過車底。透過引擎下遮板，前輪胎遮套，油箱底板和採空氣動力學設計的後底板下遮板等組成來實現車底面的平整性。雖然Prius的外型有流體力學上的缺點：車短、高身，但此種「平整性設計」卻可達到C_D＝0.30的要求。

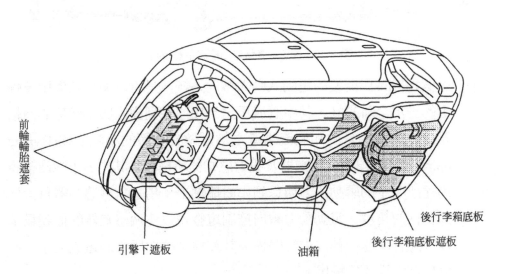

前輪輪胎遮套

引擎下遮板　　　油箱　　　後行李箱底板遮板　後行李箱底板

圖 3-38　低風阻車身，車底採「平整性設計」

42. 齒條與小齒輪式(rack and pinion type)轉向機構的動力轉向輔助裝置
採用電動式以節省能源，因此不再需要使用要常態性運轉的油壓
泵，只要在有需要動力轉向輔助的時候，依照需求來輸出輔助能量
即可。而即使是在引擎停止時，仍然有動力輔助轉向功能。

比起傳統的油壓式系統，其油耗率減少了 1~3 %。低車速時駕駛感覺
較輕，而在高速時則感覺較重，是屬於「車速反應型」的動力轉向
輔助系統。

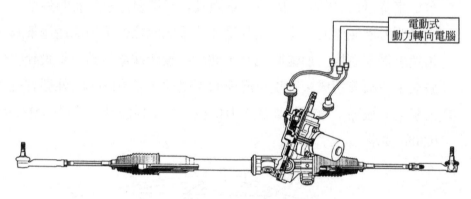

圖 3-39 車速反應型電腦控制電動轉向

43. 這個為Prius所開發的電動式動力轉向系統，是首次使用在豐田車輛
上的一項全新設計，其中直流馬達直接連接到齒條與小齒輪的齒輪
箱上。齒輪箱是由和直流馬達主軸是做成一體的小戟齒輪(Hypoid
opinion)，馬達角度感知器及扭力感知器所構成。其中，小戟齒輪將
馬達所產生的驅動扭力傳送到小齒輪軸上；馬達角度感知器負責檢
知轉向的角度。電動動力轉向控制電腦是以各個感知器的信號為基
礎，配合車速和轉向力的關係來計算控制轉向所需的電流大小，而
直接控制馬達的輸出。

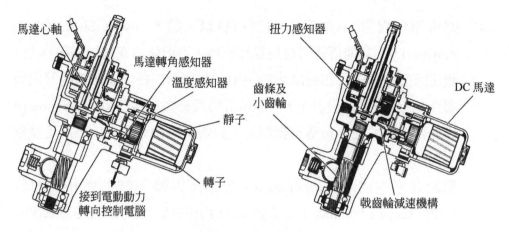

馬達心軸

馬達轉角感知器

溫度感知器

靜子

轉子

接到電動動力
轉向控制電腦

扭力感知器

齒條及
小齒輪

DC 馬達

戟齒輪減速機構

圖 3-40　電動轉向機

圖 3-41　輪胎

44. 輪胎也是節省能源的設計，全新設計的165/65R15-81S輪胎，可減少
了20％的滾動阻力。15吋的鋁合金鋼圈，具有質輕的設計特性，配
備有塑鋼輪圈蓋。至於備胎則是使用硬質型式，其型號爲
T125/70D16。

上圖表示輪胎與輪圈的組成，輪胎的標準胎壓，前輪爲 2.3kg/cm^2，
後輪爲 2.2 kg/cm^2。不論在市區道路及高速公路行駛，都是使用相同
的胎壓。硬質備胎的胎壓則爲 4.2kg/cm^2。

45. 熱可塑性樹脂TSOP(豐田超級石臘聚合體，Toyota Super Olefin Polymer)，比其他傳統材質更易於回收，不但使用在前後保險桿上，也用來製造儀錶板和前(A)柱、中(B)柱、後(C)柱。裝飾蓋板等內裝零件。在保險桿的設計上，各個角落均設有TSOP角套(Corner mole)，因此保險桿的任一角落有損傷時，只需更換角套即可，不用更換整支保險桿。

鋪設在車內前隔板(dashboard，俗稱防火牆)和地板的隔音材料RSPP(Recycled Sound Proof Product 再生式隔音產品)是由廢棄車輛壓碎機中回收再製的產品。從燃料油箱使用鍍鋁鋼板，到車窗採用陶瓷玻璃，再到電線的絕緣材料及線束的保護材料，都已完全排除使用含鉛的物質。

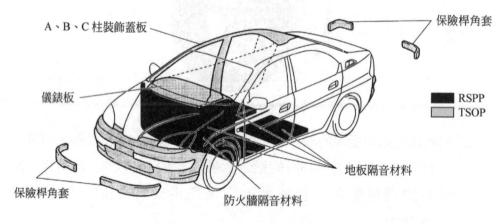

圖 3-42　TSOP 和 RSPP 的使用

3-2　混合動力系統

1.　"Hybrid"這個字就是所謂"混合"的意思。Hybrid這個系統是一種結合及使用二種不同動力源的系統,若把這些動力源作巧妙地分配的話,將同時提昇彼此的效益,並藉由彼此來相互彌補對方的不足點。因此,Hybrid成為了目前現有的電動車中,用以突破駕駛里程限制中的一項科技。

在圖中可以看到,Hybrid 系統主要有二種型式,分別為「串聯式」和「並聯式」二種。

2.　串聯式Hybrid系統利用引擎來驅動發電機,發電機所產生的電力則供應給馬達來驅動車輪。它之所以稱為串聯式是因為驅動車輪的動力在傳輸上只有這一條路徑。串聯式Hybrid採用的是低輸出馬力的汽油引擎,當系統運作時,引擎幾乎都是維持在高效率的範圍內連續運轉。雖然使用串聯式的方法能讓引擎在最高效率的狀態下運轉,但是它卻需要一個比並聯式系統更大、更重的馬達。

3.　並聯式的系統是同時使用引擎和電動馬達來驅動車輪,並且根據駕駛的狀況來分配動力。它之所以稱為並聯式混合動力系統是因為驅動車輪的動力有兩個並聯的來源(引擎和馬達)。使用這個系統,引擎能在驅動車輪的同時也能對電瓶進行充電。

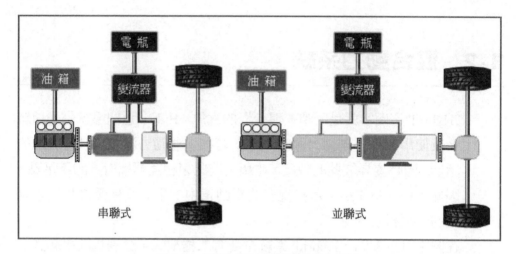

圖 3-43　串聯式和並聯式混合動力系統

4. THS(Toyota Hybrid System)最大的特點就是分別將引擎和電動馬達最良好的方面加以結合形成一種新的動力傳動裝置。THS的基本組件有引擎(線列四缸,1500c.c.),馬達(永久磁鐵式AC同步型),電瓶(密封式鎳氫電池),動力分割機構以及變流器(Inverter)。

圖 3-44　THS 基本組作

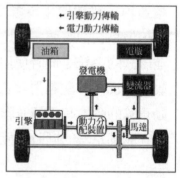

圖 3-45　THS 的串並聯運作

5. THS結合了並聯式和串聯式兩個系統,並同時運用了引擎和電動馬達性能最優良的部份。

6.　系統的作用原理將在稍後作說明。由於引擎是主要的動力來源，因
　　此在車輪和發電機之間裝有一動力分割機構用來分配引擎的動力。
　　發電機所發出來的電一部份供應給馬達使用，另一部份則經由變流
　　器轉換爲直流電後，儲存在電瓶。

　　以上這些組件的設計，不論是尺寸或形狀方面，都和傳統變速箱很
　　類似，所以能輕易地裝在車子上面。

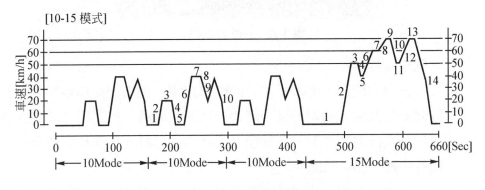

圖 3-46　10-15 測試模式

7.　Prius是一款極爲省油的汽車，這種車子在日本的10-15測試模式的測
　　試當中，省油率可達28公里/公升(km/liter)。這個數據顯示出Prius的
　　省油率是一般1.5公升汽油引擎搭載自動變速箱車子的二倍。同時這
　　也表示Prius這款車能大大地減少了對環境的衝擊，它的CO_2值大約是
　　傳統車輛的一半，而CO、HC和NOx的排出量更僅僅只有日本法規所
　　訂定標準值得十分之一。

圖 3-47　THS 動力系統

8.　系統的運作

　　　整個系統裡，引擎是主要的動力來源，並搭配使用電動馬達作
為輔助動力源。例如，車子剛起步低速行駛時，就運用了馬達在低
速具有大扭力的優點，而當節汽門全開加速時，馬達和電瓶則提供
額外的動力加以輔助。

　　　因此，在獲得相同加速能力的情形下，混合動力車的引擎馬力
可以較一般汽油引擎車子的馬力來得小。

9.　車子起步

　　　當車子在起步、低速行駛或倒車等情況下，引擎的效率是極低
的，所以系統會將燃油切斷使引擎停止運轉。這時，車子的行駛僅
僅只靠電瓶的電力來驅動。

10.　一般正常行駛

　　　車子在一般正常行駛的情況下，動力分割機構將引擎的動力分
為二條路徑，一條路徑直接用來驅動車輪，另一條路徑則是用來驅
動發電機運轉發電，並將產生的電力供應給馬達，由馬達提供額外
的動力到車輪。為了獲得最高的效率，輸出到這兩條路徑的動力比

是由電腦系統來加以控制。

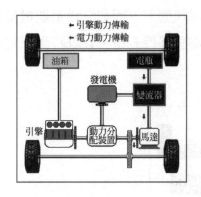

圖 3-48 起步時

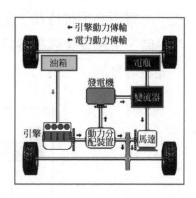

圖 3-49 正常行駛時

11. 節汽門全開加速時

在節汽門全開加速時，除了一般正常行駛的操作模式外，電瓶也會供應電力給馬達，增加額外提供到車輪的驅動力。

12. 減速、煞車時

在減速和煞車時，因為慣性的作用，馬達反而會被車輪帶動運轉，在瞬時間馬達變成發電機，並將發出來的電回儲到電瓶。

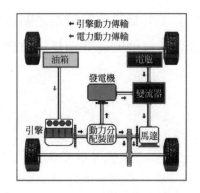

圖 3-50　節汽門全開加速時

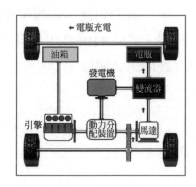

圖 3-51　減速、煞車時

13. 電瓶充電

   電瓶必須維持在一定程度的充電狀態下，因此，當電瓶電量不足時，引擎就會驅動發電機運轉對電瓶進行充電，以維持到一定的充電容量。

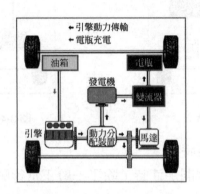

圖 3-52　電瓶需要充電時

14. 車子停止狀態

   當車子停下來時，引擎自動被熄火，自然地，沒有任何能源消耗，因此可以降低能源的流失和減少廢氣的污染。

   說明到此，當起步和輕負荷條件下，引擎的效率較差是顯而易見，這時 THS 採用串聯系統的方式運作，其他的時間則是以並聯系統的方式運作。

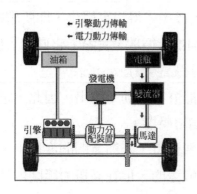

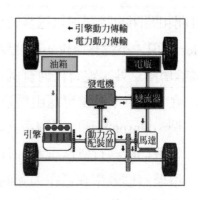

圖 3-53　車子停止時　　　　　　　圖 3-54　THS 的串並聯運作

15. 豐田混合動力系統(THS)是採用熱效率較高的Atkinson循環汽油引擎來做爲中心動力源。首次被使用在馬自達(Mazda) Eunos 800汽車上並以高省油性和高馬力聞名的米勒循環(Miller cycle)引擎，就是Atkinson循環的一種實際應用。由於Atkinson循環引擎很難產生高馬力，因此一般都會加裝渦輪增壓器。

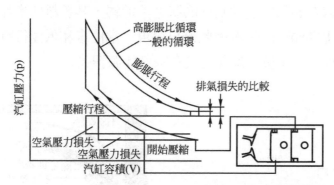

圖 3-55　奧圖循環和 Atkinson 循環壓容圖之比較

Atkinson 循環：此一熱力循環的理論是由英國的 Mr. James Atkinson 所提出，他將壓縮行程和燃燒行程設成個別獨立的行程。雖然 Atkinson 循環熱效率很高，但在實際上卻難以實用化，後來是經由 R. H. Miller 對進氣門打開和關閉的時間加以適當的調整改善後，才得以實用化，即所謂的 Miller 循環。不論是 Atkinson 循環或是 Miller 循環，實際上它們除了使用渦輪增壓之外，沒有任何有例子可以獲得高馬力。

16. 在THS中，引擎可藉由馬達動力來補償其低動力輸出，因此，這一個Atkinson循環的引擎不必使用渦輪增壓器。

當我們觀察行駛狀況和油耗之間的關係時，若節氣門開度很小，則引擎整個效率在低扭力範圍內都是較差的，但在高扭力範圍內效率就變得較好。因此，藉由控制馬達負荷量來增加動力後，引擎可以依據行駛狀況在高扭力範圍內運轉。進一步來說，引擎是以自動控制的方式獲得引擎所需的轉速來產生最大的燃油效率。

17. 圖3-55是THS改善燃料效率的例子。這是在市區行駛形態下，引擎真正的燃料效率(即燃料能量轉換效率，這其中也包括了用來帶動發電機發電)和傳統的車輛所做的比較。由於高燃料效率的Atkinson循環引擎只在燃料經濟性良好的狀態下運轉，其燃料效率比傳統的車輛大幅提昇80% 的情況因此得以實現。當停車和低速行駛時，引擎會自動停止，可減少廢氣污染和降低能源損失。

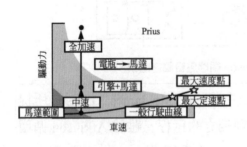

圖 3-56 THS 的動力輸出控制

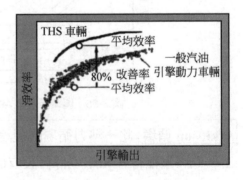

圖 3-57 THS 對燃料效率的改善(例)

18. 當煞車和減速時，能使馬達作爲發電機，可將動能轉換成電能加以回收，儲存在電瓶中，這個系統稱之爲回生煞車系統。經由煞車回生可以產生動能，燃料經濟性可提升20%。

    在 THS 的每種輸入和輸出的說明顯示在圖 3-58 中，引擎燃料效率提高 80%，能源回收回生又提昇 20% 燃料效率，因此效率總共提高 100%。與傳統的汽油引擎比較，有二倍的燃料經濟性。

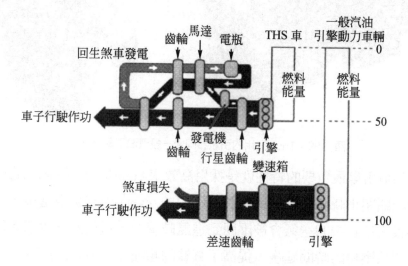

圖 3-58　回生煞車之能量回收對燃料效率之影響示意圖

19. 引擎這個主要動力源，其排氣量的決定是在不失車輛行駛性能下，根據最佳燃料經濟性來加以決定。當我們只有針對單一引擎時，排氣量越大，熱效率就越高。

20. 然而，當我們將Prius 和相同等級省油的壓縮天然氣(CNG)車、電動車(Electric Vehicles)加以比較，則可以證明使用1.5公升引擎的實測結果最好。其原因是，小排氣量引擎的低污染區域太靠近到高轉速側了，而大排氣量引擎的低廢氣污染區域又太靠近引擎低轉速側。

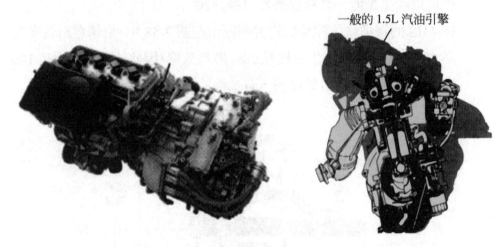

一般的 1.5L 汽油引擎

圖 3-59　Trius 採用的引擎和同級一般汽油引擎之比較

21. 這個引擎最重要的特性就是採用高效率Atkinson循環。因為它的進氣門關閉正時被延遲得比奧圖循環(Otto cycle)引擎更為延後，一部分吸入汽缸中的空氣會被壓回到進氣歧管中，這樣的作用會使得實際開始壓縮的時間延後，提高了實質的壓縮比(不會產生爆震)，因而得到高膨脹率。採用高膨脹率來工作可將燃燒過程中所產生壓縮能量轉換為機械能。

22. 此外，也使節氣門開度變大成為可能。也就是說在部份負荷(部份節氣門)時的負壓會變小，而佔泵壓損失(pumping loss)一半以上的進氣損失(節氣門的損失)也會因而減少。

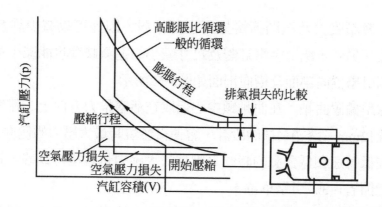

膨脹比＝(膨脹行程容積＋燃燒室容積)/燃燒室容積

壓縮比＝(壓縮行程容積＋燃燒室容積)/燃燒室容積

圖 3-60　Atkinson 循環減少之泵壓損失

23. 引擎的最高轉速被限制在4000rpm(最有效率的轉速)，就如同是一個低轉速引擎一樣，因此能有達成良好省油性，如圖3-61所示。

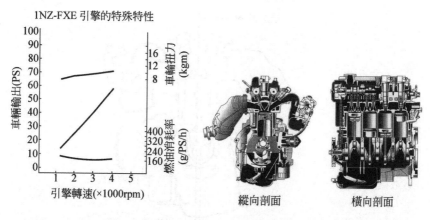

圖 3-61　INX-FXE 引擎的性能曲線　　圖 3-62　INX-FXE 之剖面圖

24. 最高轉速較低的引擎，其強度可以比高轉速引擎小，使用的零件可以較小、重量較輕──特別是活動的零件都較輕，曲軸較為細小，活塞環張力及汽門彈簧彈力也都較弱，因此可以減少許多摩擦損失。另外，鋁合金汽缸體及尺寸較小的進氣歧管也能減少重量。這個引擎縱向剖面及橫向剖面如圖3-62所示。

25. 採用偏置曲軸：在曲軸頸中心偏置在活塞推力方向上，離汽缸中心線12mm。透過這樣的設計，會使得燃燒時最大壓力的側向力減小，在低轉速和低負載的時候之壓縮最大壓力也會獲得改善，結果燃料能節省1~3% 引擎單位。

26. 燃燒室是斜面擠壓式的形狀。擠壓面角度是沿著燃燒室壁傾斜，能改善進氣流速及形成強大漩渦。

    這樣設計的特色是可以達到節省燃料及減少爆震的目的。此外，進氣門是以 33.5°的角度安插到垂直進氣通道上來改善進氣效率，這樣並可以縮小汽缸蓋尺寸及得到有效的進氣。

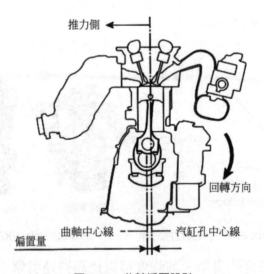

圖 3-63　曲軸偏置設計

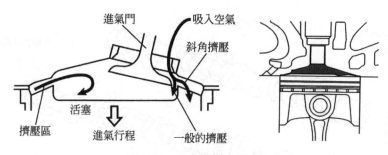

圖 3-64　斜面擠壓式燃燒室

27. 為了能獲得高性能及節省燃料，本引擎採用VVT-i(連續可變汽門正時機構)，進氣門正時可以依照引擎的運轉狀況加以精確控制。

28. 凸輪軸的外型輪廓如圖3-65所示。

29. 在VVT-i中，已經將原來傳統的螺旋式改成葉片式。
    機油控制閥(OCV)的閥軸位置是由引擎 ECU 訊號所控制，進氣側凸輪軸的位置能連續改變是藉由控制VVT提前角度室和延遲角度室之間的機油壓力來達成。進氣側凸輪軸的驅動齒輪部是可分離的，其中，外殼和齒輪固定在一起，葉片則和凸輪軸固定在一起。控制兩個油壓室(提前角度室及延遲角度室)，進氣側凸輪軸位置就能連續改變，而汽門正時也就得到控制。

30. VVT-i的作動如上說明，進汽門正時是依據引擎運轉狀況來控制，以Prius為例，進氣門正時連續可變的角度範圍是控制在40°(曲軸角度)內。

31. 進氣門正時的開啟角度：-30~10°BTDC(上死點前) ，關閉角度：120~80°ABDC(下死點後)。排氣門開啟角度：32°BBDC，排氣門關閉角度：2°ATDC。
    這樣敏捷的控制，使引擎低速、中速扭力的獲得改善，並且帶來了省油及減少廢氣污染等好處。

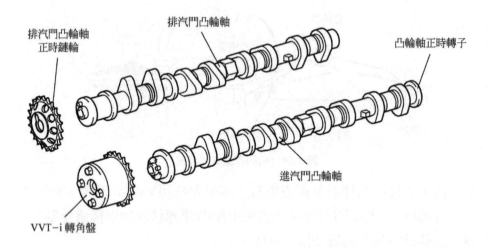

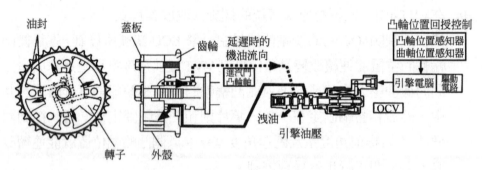

圖 3-65 連續可變汽門正時機構(VVT-i)

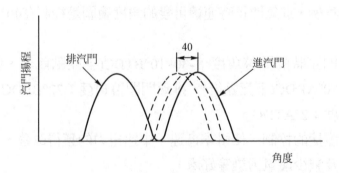

圖 3-66 進氣門正時可變動的角度範圍

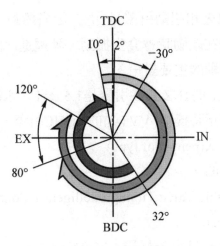

圖 3-67　汽油正時

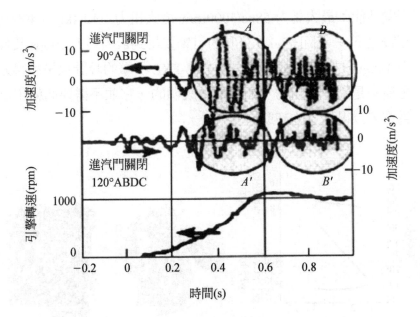

圖 3-68　引擎在起動時振動減少

32. 此外，反覆熄火和起動引擎是THS在節省燃料上一種非常有效的方法，然而引擎在起動時會發生振動，延遲進汽門的關閉正時正是用來抑制起動振動的重要對策。

33. 只使用在THS上的1NZ-FXE引擎是1.5公升、水冷、直列四缸、附有連續可變汽門正時機構(VVT-i)的DOHC引擎。

    燃燒室：屋脊式(pent-roof type)。

    燃料：普通汽油。

    VVT-i ：Variable Valve Timing intelligent；Continuous Variable Valve timing mechanism

34. 排氣量：1,496cc 缸徑&行程：75.0×84.7mm

    高壓縮比：13.5：1　最高轉速：4000rpm

    行駛性能：最大馬力 58ps/4000rpm 最大扭力：10.4kg m/4000rpm

    相較之下，一部正常 1.5 公升的引擎要得到最大馬力 100ps 及最大扭力 14kgm 是很容易的。總之，INZ-FXE 引擎的設計以是獲得效率為主而不是動力及扭力。如前面所說明的，它並不需要高輸出馬力因為它可以得馬達的補助。

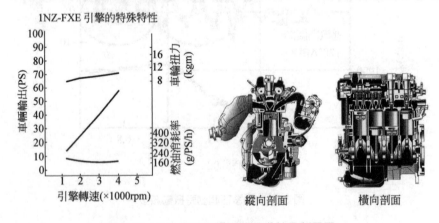

圖 3-69　INZ-FXE 引擎的性能曲線及剖面圖

35. 四汽門DOHC引擎：主要特性是凸輪軸由一條免維修的鏈條來帶動。鏈輪也採較小尺寸節矩8.00mm之滾輪鏈條。這樣可以使得引擎變得較為緊密（compactness）。在鏈條中，靠著機油油孔之潤滑來達到無聲與延長使用壽命的目的。在鏈條蓋上，有一導糟可防止齒輪脫鏈，並可避免發生組裝錯誤。

36. 汽門舉桿採用輕量化無墊片式（shimless）汽門舉桿。因此，汽門間隙的調整必須更換舉桿。舉桿是以每0.02mm厚為一單位來增加，總共有35種舉桿可供選擇使用。

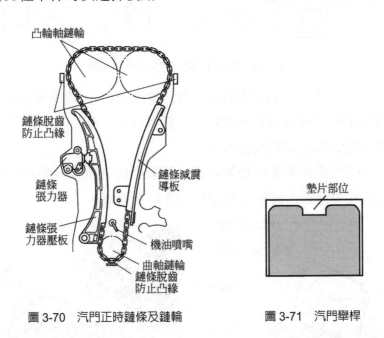

圖 3-70　汽門正時鏈條及鏈輪　　　　圖 3-71　汽門舉桿

37. 空氣濾清器裝在引擎右側而空氣流量感知器則裝在空氣濾清器外殼之下面，如此可減少重量與尺寸。
空氣流量感知器是嵌入在一小的熱線式，它的外殼是塑膠的，故重量非常輕。

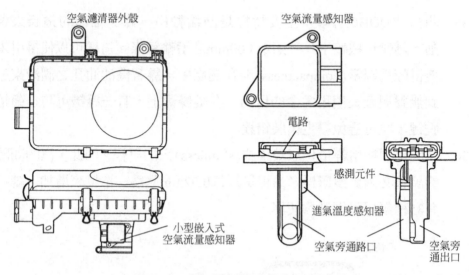

圖 3-72　空氣濾清器及空氣流量感知器

38. 改善進氣歧管之進氣慣性效率是不需要的，因為本身採用Atkinson循環和較短進氣歧管。將1、2缸歧管做成一組，3和4歧管缸做成一組，可顯著地減輕歧管重量。

39. 節氣門本體採用電子控制系統，節氣門的開啟或關閉由直流馬達帶動齒輪來驅動，此稱為無連桿加速控制機構。

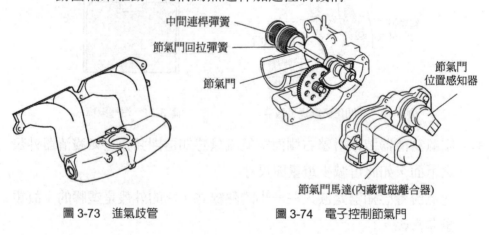

圖 3-73　進氣歧管　　　　　圖 3-74　電子控制節氣門

40. 燃油管採用無回油管系統之設計，如此可以減少零件數量和簡化管路。壓力調節器被裝在油箱內部，並採低消耗電力之油泵以節省電力。

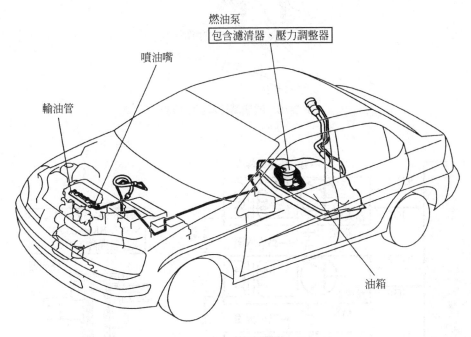

圖 3-75　油路系統

41. 使用4孔高霧化性之噴油嘴來加速燃油之霧化。再者，藉由將噴油嘴裝在汽缸蓋上的進氣口附近，燃油會噴射到進氣口處管壁表面上，可以降低HC之發散。

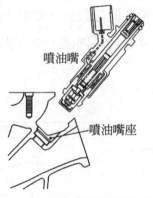

圖 3-76 噴油嘴及其安裝位置

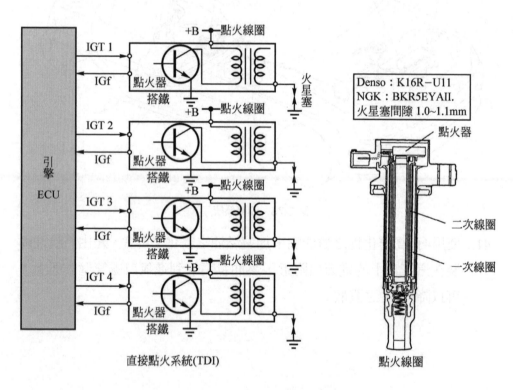

圖 3-77 直接點火系統(左)及點火線圈(右)模組

42. 採用一超小型圓柱形之點火線圈並裝在汽缸蓋的火星塞孔上，各個點火線圈個自和各缸的火星塞連結。因此，不需要裝上高電壓線，如此減少了高壓損失與收音機之干擾噪音。

豐田直接點火系統(TOYOTA Direct Ignition System，TDI)能提高點火正時控制精確度，因此沒有必要另外再對點火正時。火星塞則是一種本身帶有內電阻並且經過小型化和 ISO 單位標準化的火星塞。

43. 豐田電腦控制系統(TCCS)：一種能精確控制電子燃料噴射(EFI)的引擎綜合控制系統。本系統的控制包括了點火正時控制(ESA)，和怠速穩定控制(ISC)…等。

此外，本系統還包含了爆震控制系統(KCS)、能依行駛情況改變進汽凸輪軸位置的 VVT-i、每個汽缸上都裝有點火線圈的 TDI，以及提供了一套全新的診斷失效安全回航功能。各零件的位置與系統構成如圖 3-78 所示。

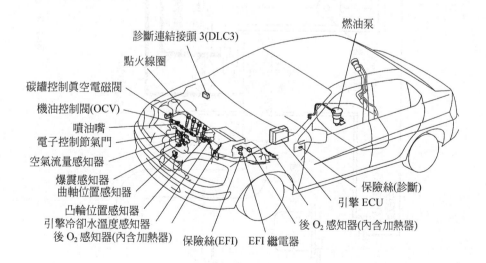

圖 3-78

44. 系統的構成如下圖所示

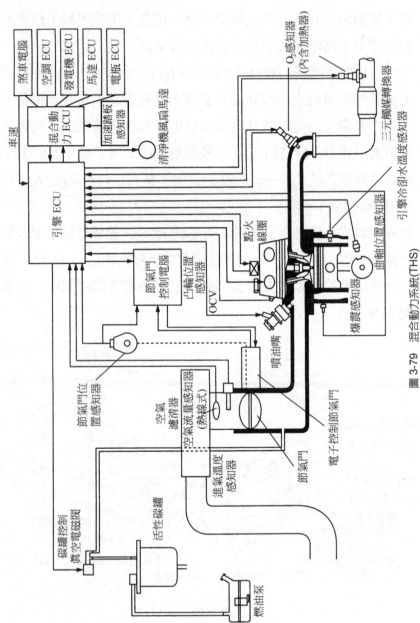

圖 3-79　混合動力系統(THS)

45. Toyota Hybrid System(THS)的各個零件的位置如圖3-80所示。

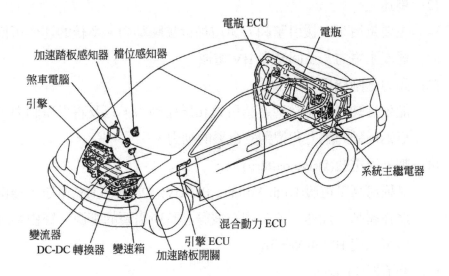

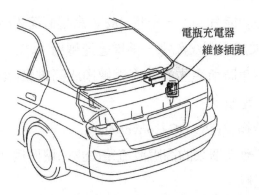

圖 3-80　THS 零組件的配置位置

46. 各零件功用介紹

(1) 發電機

引擎輸出主要是依靠在發電機中產生的高壓電力。

發電機的另一項功用是可作爲引擎起動馬達。

(2) 馬達

主要是用來支援引擎動力與增加行駛驅動力。系統的運作可使馬達產生電力，並回充到 HV 電瓶。

(3) 動力分割機構

能依行駛狀況適當地連結引擎和馬達動力，以及將引擎動力分成車輛行駛的動力和帶動發電機的動力。

(4) 驅動用電瓶(Drive battery)

又稱爲高壓電瓶(High Voltage Battery)，簡稱爲 HV 電瓶，提供馬達在起動、加速、或當爬斜坡等…時所需要的電源。經由系統運作可以使 HV 電瓶充電。

(5) 變流器(Inverter)

此裝置的功能有二：一是將 288V 高壓直流電(來自 HV 電瓶或發電機)轉換成高壓交流電，供馬達運轉用；二是將發電機或是馬達在回生煞車時所產生的交流電轉換成高電壓(288V)之直流電而儲存在 HV 電瓶上。

(6) DC-DC轉換器(DC-DC Converter)

此裝置將變流器來的高壓直流電(288V)轉換爲 12V 直流電，充電至輔助電瓶。

(7) 鎳氫電瓶充電器

此裝置允許其它的車輛提供 12VDC，對耗完電的 HV 電瓶充電，換句話說外部的充電是需要的。

(8) 混合動力ECU(Hybrid ECU)

依據加速踏板被踩下的程度及檔位，這個 ECU 會送出需求值給每個 ECU 來控制引擎動力、馬達扭力和發電機扭力。

(9)　馬達ECU(內藏在混合動力ECU中)

馬達 ECU 依據混合動力 ECU 所傳來的驅動需求值，經由變流器來控制馬達和發電機的輸出。

(10)　引擎ECU

依據 Hybrid ECU 所傳來的引擎輸出需求訊號，決定電子控制節氣門的開度。

(11)　電瓶ECU

這個 ECU 是用來監視 HV 電瓶的充電狀態。

(12)　煞車電腦

此裝置依據車輛的總動力來控制煞車油壓系統管路中之油壓。

(13)　加速踏板感知器

將加速踏板的角度轉送給 Hybrid ECU。

(14)　加速踏板開關

此裝置送出加速踏板的開度給 Hybrid ECU。

(15)　檔位感知器

此裝置將轉檔位換成電子訊號，送至 Hybrid ECU。

(16)　系統主繼電器

依據來自 Hybrid ECU 的訊號，控制供應到斷路器(current breaker)的高電壓電力。

(17)　維修插頭

這個裝置能使得 HV 電瓶在高電壓電路中被拆卸，去做主電瓶維修或檢查之工作。

47.　THS系統結構圖，如圖3-81。

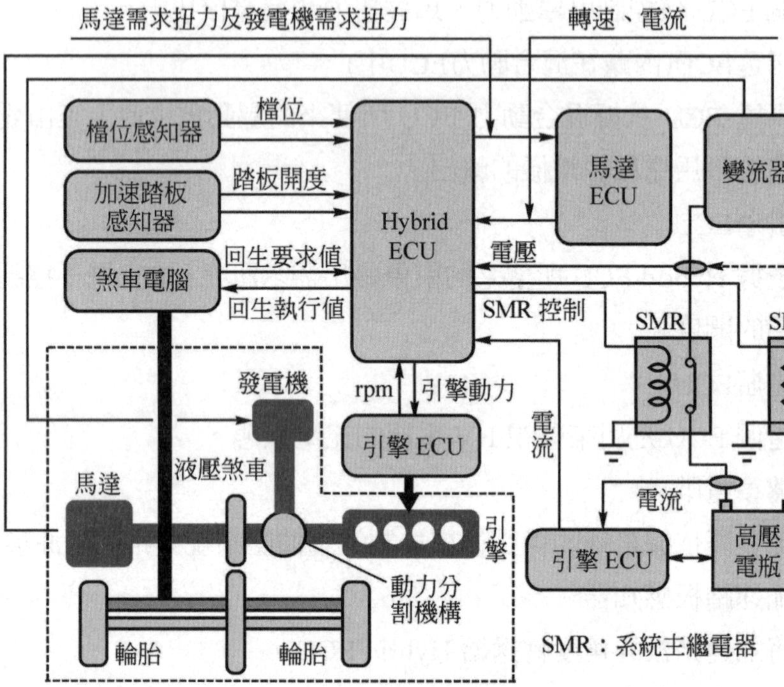

圖 3-81 THS 系統結構方塊圖

48. 將高壓電瓶盒安裝在後座行李箱可以增大車子內部的空間。這個盒
    子裡含有提供電力的電瓶、電瓶ECU、系統主繼電器(SMR)和冷卻風
    扇，內部結構如圖3-82所示。注意這個盒子盒蓋上有個內鎖，可以
    用來防止盒蓋被拆開，即使是將盒蓋上的螺絲和螺帽都拆掉。

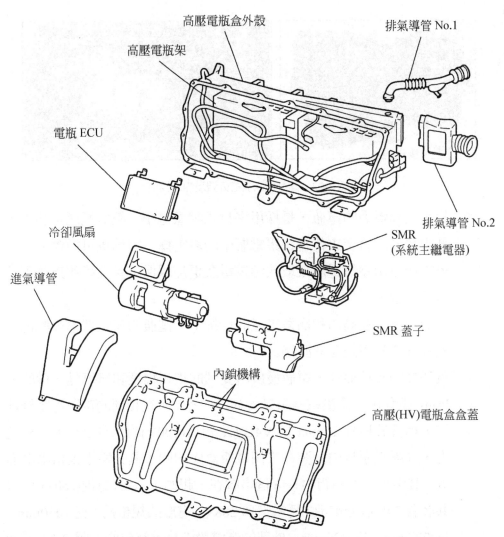

高壓電瓶盒外殼

高壓電瓶架

排氣導管 No.1

電瓶 ECU

排氣導管 No.2

冷卻風扇

SMR
(系統主繼電器)

進氣導管

SMR 蓋子

內鎖機構

高壓(HV)電瓶盒盒蓋

圖 3-82　高壓電瓶盒內外部之組成元件

49. 電瓶盒外露的部位(包含盒蓋時)。

當盒蓋被拆開時，可以看到電瓶固定在電瓶架上，電瓶 ECU、冷卻
風扇、系統主繼電器等等也都可以看的到。電瓶被放在最裡面的地
方。

圖 3-83　高壓電瓶盒的外觀及內部構成

50. 提供驅動電力的電瓶，是採用密封式鎳氫電瓶。鎳氫電瓶是利用內部吸藏氫的合金來代替鎳鎘電瓶中的鎘電極。因為鎘可能會造成污染，所以用鎳氫電瓶來取代鎳鎘電瓶更加環保，且性能和鎳鎘電瓶也很接近。

一般而言，在高溫和高蓄電量的情況下，電瓶的充電效率會減低。其最好的效率是在低溫時。

就科技的改革而言，電瓶發展所受到的重視程度和汽車是一樣的。Prius 驅動用的高壓電瓶重量大約 75 公斤，在相同的電瓶電壓條件下，相當於只有 Toyota RAV4L EV 電瓶(300V)的六分之一。在構造上，高壓電瓶是由分裝在二個電瓶盒內的四十個分電池模組串聯而成，其中每一個模組中有 6 個串聯在一起的 1.2V 分電池(cell)，所以共計有 240 個分電池，總電壓為 288V。電瓶的規格為：寬 1030mm、長 280mm、高 430mm。外部的充電設備是不需要的，圖 3-84 所示為電瓶的一部份。

圖 3-84 高壓電瓶

51. 四十個模組被分裝在二個電瓶盒上,每個電瓶盒有二十個串聯在一起的分電池模組。維修插頭被裝在二個電瓶盒之間,可用來切斷電路。當高壓電路要維修時,拔除維修插頭以維護工作時的安全是必要的。主系統繼電器(SMR)可接上和切斷Hybrid ECU方向的高壓電源,並且能精確的作動,共有三個繼電器被安裝在正負極上。

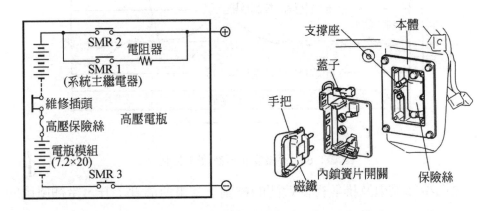

圖 3-85 高壓電瓶的電路連接示意圖(左)及維修插頭(右)

52. 電瓶ECU所執行的各種控制都是爲了能維持適當的充電值,以及在驅動電瓶萬一有一些不正常的狀況發生時,能確保其安全。

(1) 充電狀態之控制：假如驅動用電瓶充電不足時，藉由適當控制引擎的輸出就可以使發電機的發電量增加。車輛在一般行駛和加速時電瓶是在放電狀態，而在回生煞車減速時則會轉成充電狀態，而這樣的充、放電情況在開車時會反覆不斷地進行著。在這種情況下，電瓶ECU是利用累積計算充、放電電流的方式來要求Hybrid ECU對電瓶的充、放電進行控制，使電瓶之電容量能維持在中間區域附近。總之，驅動電瓶的充電容量是被控制在電瓶總電容量的60%。經由這樣的控制可以使電瓶的使用穩定，同時可使電瓶的可靠性和耐久性大為提高。

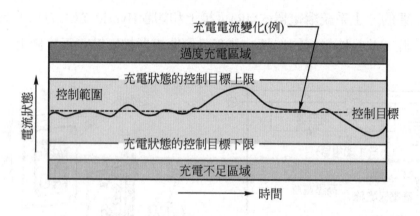

圖 3-86　高壓電瓶充電狀態的控制

(2) 冷卻風扇及排氣緩衝遮門的控制：當電瓶溫度上升，冷卻風扇的作動由驅動用電瓶ECU隨著電瓶的溫度狀態從OFF到LO、MID、HI來進行控制。然而當空調作用，且如果電瓶溫度在容許的設定範圍內時，則會以車艙內的冷房效果為優先而將冷卻風扇的作動固定在OFF或LO的狀態下。冷卻風扇裝在後內裝飾板的下方，進

氣導管的入口管罩如圖所示。假如一些東西堵塞到了導管入口，
例如衣物…等，將會導致電瓶無法獲得充足的冷卻，使電力輸出
限制警告器因此而點亮，對於此一情況必須要加以注意。冷卻風
扇的進汽管的是裝置在後車箱內之小室之中。

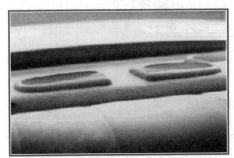
後座內裝飾板上的進氣導入口

排氣導管 No.1

圖 3-87　高壓電瓶散熱的導氣口

53. 為了抑制冷卻風扇運轉時對車艙內空調作用所造成的影響，因此使
用了排氣緩衝遮門來做內、外氣的切換，遮門的內外氣切換是和空
調的內外氣切換一起連動的。在駐車時，驅動用電瓶箱裡的熱空氣
會由NO.1的排氣導管排出車外，因此在洗車時必須小心，應避免水
從排氣導管灌入(如使用高壓洗車機等沖洗時，應避免將出水口朝排
氣導管出口來沖洗)，這對驅動電力電瓶可能會有負面的影響。

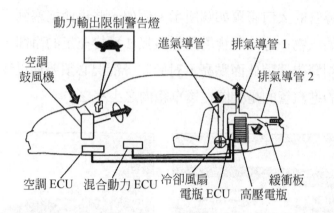

圖 3-88　高壓電瓶

54. 輔助電瓶的電壓是12V，和一般傳統車子上所使用的電壓是一樣的。
　　輔助電瓶主要是做為供電給頭燈、空調、卡式收音機和每個ECU(如
　　引擎ECU)…等的電源。此外，它也是Hybrid系統的電源，因此，假
　　如這輔助電瓶電壓變低時，HV系統是無法作動的。當更換電瓶時應
　　選用規格型號是34B19的保護型電瓶，而且在更換電瓶時也必須要小
　　心更換。

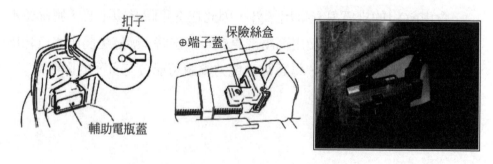

圖 3-89　輔助電瓶

55. 對於一個要能強力輔助汽油引擎的馬達，本系統採用了永久磁鐵式
交流(AC)同步馬達，和直流馬達或交流感應馬達比起來，它比較輕，
體型小，而且能源效率高。

這個型式為 1CM 的馬達，最大馬力是 30.0kw/940 ~ 2000rpm，最大
扭力為 31.1kgm/0 ~ 940rpm，交流馬達比直流馬達更好維護，它是被
用來當做一個輔助動力源給引擎，和能在一些情況下當做一個發電
機用。馬達的驅動電壓和已經在日本市場中銷售的 RAV4L EV 電動
車一樣都是 288V。

圖 3-90　THS 動力裝置實體圖

56. 發電機是採用永久磁鐵式交流同步發電機，型式上和馬達一樣。它
發出的電可充電至電瓶和用來驅動馬達運轉。藉由控制發電量的輸
出來改變發電機的轉速，可以控制動力分割機構的無段變速功能。
此外，此發電機也被用來做為引擎的起動馬達。

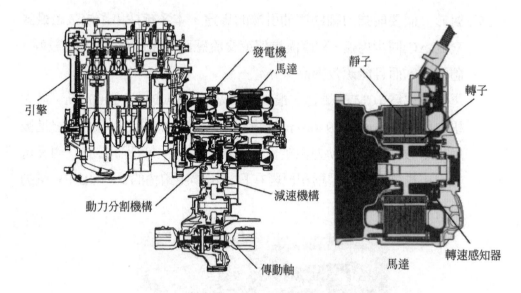

圖 3-91 動力裝置斷面(左)及馬達斷面(右)示意圖

57. 這個變流器是把驅動用電瓶的高壓電由直流電轉變成交流電給馬達和發電機的電力變換裝置。

圖 3-92 變流器

58. 變流器在內部電路設計上是利用由6顆可供給馬達和發電機使用的功率電晶體所構成的三相橋式電路,將直流電轉變成三相交流電。功率電晶體的驅動是由Hybrid ECU(此ECU內含馬達ECU)來加以控制，當功率電晶體在被驅動的同時，變流器會傳送有關電流控制所需要的訊息給Hybrid ECU，例如電力電流、電壓等。

變流器和發電機及馬達共用一個屬於它們的專用散熱器，因此其冷卻水路和引擎是分開的。

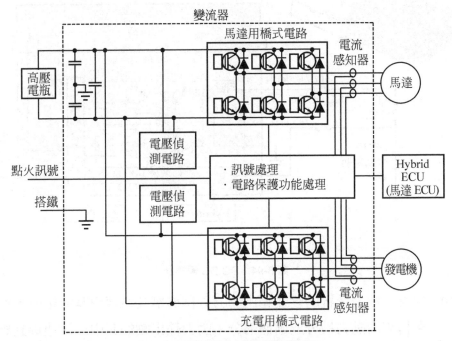

圖 3-93　變流器內部電路構成簡圖

59. 因為豐田混合動力系統(THS)的發電機電壓是288V，所以轉換器(Converter)的功用是用來把DC288V轉變成DC12V，並充電至輔助電瓶。此轉換器是附裝在變流器(Inverter)的下面。輸入到轉換器的DC288V電源首先會進入到電晶體橋式電路中轉換成交流電，然後經過變壓器降低電壓後，再經整流轉換成DC12V。DC12V電源的電壓由轉換器電路所控制,和輔助電瓶的電極有相同的電壓,因此輔助電瓶的電壓是和引擎運轉沒有關係的(包括引擎停止時)。

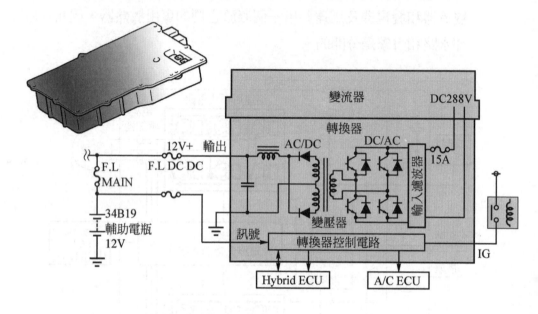

圖 3-94　DC-DC 轉換器

60. 此混合動力系統的變速箱由動力分割機構及減速齒輪所組成。從引擎傳來的動力被分成兩個部分,動力輸出軸的其中一端連接到馬達及車輪,另一端則連接到發電機。總之,引擎的動力被轉換成兩種形式——機械力及電力。變速箱的實際構造如圖3-94所示。如後面所做的說明,它是一個電子控制無段變速箱,藉由改變不同的引擎轉速和發電機及馬達的迴轉頻率,達到無段加速及減速的功能。

61. 齒輪系的組成包含了如行星齒輪、馬達、發電機、鍊條等的動力分割機構,以及反向齒輪、最終齒輪等的減速裝置。齒輪系由四支軸所組成,行星齒輪、馬達、發電機及驅動鍊條的鍊輪裝在第一支軸上；鍊輪及反向齒輪裝在第二支軸上；反向齒輪、最終傳動小齒輪裝在第三軸上；最終環形齒輪及差速裝置則裝在第四軸上。

62. 變速箱外殼及外蓋是由輕質量的鋁合金製成，並且適度地配置肋條來維持剛性。

63. 混合動力系統的變速箱的實體解剖模型如圖3-95所示。由發電機、馬達、動力分割機構及減速齒輪所組成，箭頭所指部分為行星齒輪，其功能是作為動力分割機構。

行星齒輪

圖 3-95　變速箱總成(Transaxle)實體解剖

64. 如圖所3-96示，變速箱的後半部，從反向齒輪到反向驅動齒輪→最終傳動小齒輪→差速裝置，是作成一體化的結構。

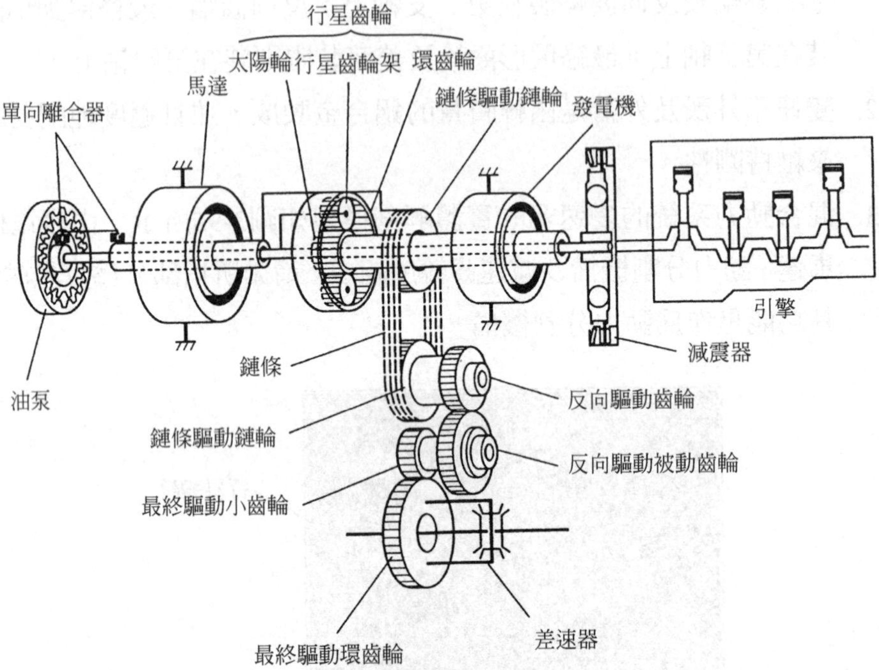

圖 3-96 變速箱總成內部構造示意圖

65. 動力分割機構採用行星齒輪，構造如圖3-97所示。引擎的動力是被
傳送到直結的行星齒輪架上，由齒輪架將動力分配到環形齒輪以及
經由小齒輪到太陽輪。環形齒輪的旋轉軸直接連接到馬達，經過減
速齒輪轉換成驅動力，換句話說，太陽輪的旋轉軸直接連到發電機。

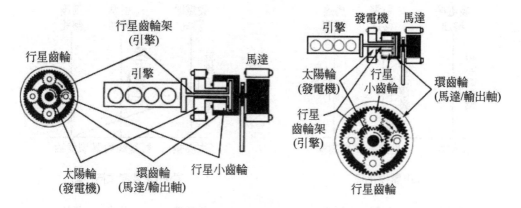

圖 3-97　動力分割機構

66. 想直接可以看見行星齒輪的旋轉方向、轉速及動力平衡等三個因素，通常採用一般的線條圖。垂直軸的三個距離是齒輪比，垂直軸的高度是表示轉速。總之，線條圖說明了引擎、發電機及馬達運轉狀況的變動關係，如圖3-98所示，在此圖中，每個齒輪的轉速永遠連成一線。

(a) 引擎停止

當車輛停止時，在下列這些情況下引擎會熄火：在引擎暖車後，冷氣壓縮機不作用時，及電瓶在驅動時仍有良好的電量。如果滿足這三個情況，則引擎/發電機/馬達全都停止。

(b) 引擎之發動及車子起步

因為驅動輪的停止，即使環形齒輪停止，此時發電機作用便如同引擎的起動馬達，由電力去轉動太陽輪使引擎起動。當引擎發動時，發電機開始發電使電瓶充電，並供應馬達驅動之用。

(c) 正常行駛

正常行駛主要是由引擎動力來驅動，因此，幾乎不需要充電。

(d) 加速

當由正常行駛加速時，隨著引擎轉速升高，使用電力的馬達驅動力增加，以供加速之用。

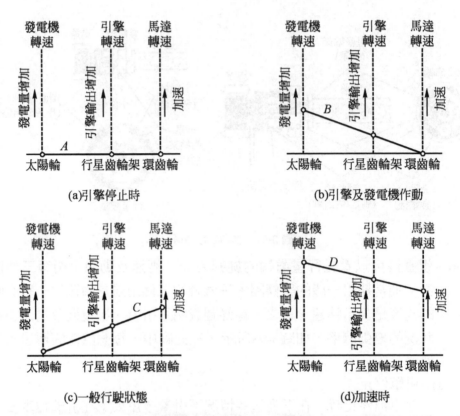

(a)引擎停止時   (b)引擎及發電機作動

(c)一般行駛狀態   (d)加速時

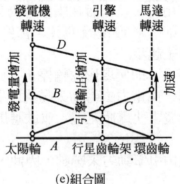

(e)組合圖

圖 3-98   引擎、發電機及馬達運轉狀態的變動關係

67. 當處於以上的狀態時，由變流器控制發電機(太陽輪)的轉速可以控制改變引擎(行星齒輪架)的轉速。同時，一部份引擎的動力，經由發電機轉換電力供應給馬達，而使車子的驅動力改變，達成無段變速的功能。總之，這就是智慧型的電子控制無段變速箱。

68. 引擎停止系統
    當車子要停車或從低速減速時，引擎便自動熄火，以避免浪費能源。當車子起步時，開始驅動時會使用扭力較佳的馬達，並且立刻發動引擎。在非常慢的車速下，引擎處在驅動效率很差的狀態，燃料的供應切斷，引擎停止運轉。總之，在這種情況下，車子只靠電動馬達來行駛。

69. 在引擎煞車或腳煞車情況下，馬達被當作發電機來作用。換句話說，將車子的動能轉換成電能。轉換後的電能被儲存到電瓶中，同時，到煞車裝置的負荷會變小。此一回生煞車系統對於市區中的停停走走的行駛狀況，其能量的恢復特別有效率。在腳煞車時，液壓煞車及回生煞車兩者之間會做協調的控制，為了得到最大的能量回收，回生煞車系統產生是被列為優先考慮的，如圖3-99所示。

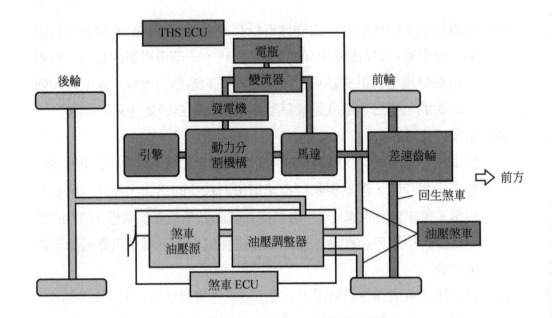

圖 3-99　煞車系統構成示意圖

70. 到目前為止的說明可以瞭解到THS，這個系統是由引擎與馬達二種具有相反特性並可以產生互補作用的動力源所組成。

當車輛停止或在低速行駛時，在這些狀況下，馬達能產生大輸出扭力，但這對於引擎而言是有困難的。馬達並不需要離合器及變速箱。然而，作為馬達動力源的電瓶，當其電力儲存量(蓄電量)不足時，需要很長的時間來充電。另一方面，引擎在停止運轉時無法產生扭力，在低速時產生的扭力又很低，因此它需要離合器及變速箱。隨著行駛的狀態的變化，混合動力系統能在短時間內供應動力源的燃料或儲存大量的能量。

71. 在這種方式下，混合動力系統能夠依據行駛條件及由系統中取得每一組件最好的優點做為系統控制關鍵因素。THS會檢視及計算每一組件的目前的數值及需要值(引擎、馬達、發電機、電瓶等…)，做及時正確及迅速控制。

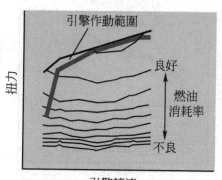

圖 3-100　引擎作動管理

引擎作動範圍的控制，說明如下：

為了使引擎能在燃料效率良好的範圍運轉，預先設定在高扭力範圍下常態運轉。當油耗低，引擎運轉及電子控制節氣門開啓角度是依據行駛條件自動控制的，圖中所示的燃料消耗率是以單位馬力來表示。引擎運轉的控制範圍，如圖 3-100 所示。

72. 運轉控制的要點如圖3-101所示。在某些行駛情況下，當駕駛踩下加速踏板

① 依據油門踏板踩下的程度，電子控制節氣門以引擎運轉範圍控制為基礎來加以打開。

② 同時，藉由控制發電機的轉速，引擎轉速得以獲得控制。

③ 用來直接驅動車子和帶動發電機以驅動馬達的引擎動力，其分配比例也獲得控制。

④ 來自引擎的直接驅動力再加上馬達的驅動力，得到全部驅動力。

⑤　在電瓶必須要充電的情況下，增加引擎動力以提供發電機發電。

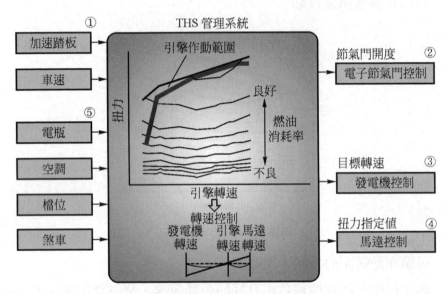

圖 3-101　THS 運轉控制方塊圖

73. 引擎和馬達的驅動力控制

　　THS 車輛總驅動力如圖 3-102(a)所示，包括的直接來自引擎的驅動力及馬達的驅動力。馬達的驅動力是由發電機產生的電力或是由電瓶電力來供應。

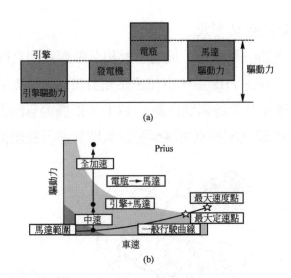

(a)

(b)

圖 3-102   THS 車輛總驅動力之控制

這由構造是可以容易了解的。兩個驅動力的控制要點如圖 3-100(a) 所示,而其相互之間的內容變化如圖 3-100(b)所示。由圖 3-101 可以很清楚地知道,在較低速度時(馬達驅動力較為良好),大部份的驅動力由馬達供應。相較於傳統引擎的車輛,可以知道 THS 車輛具有無段變速特性。

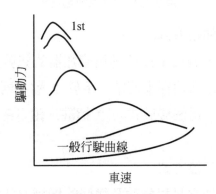

圖 3-103   傳統汽油引擎車輛之驅動力控制

(1) 加速系統的連結方式

在傳統汽油引擎車輛，加速踏板和引擎節氣門之間是用機械方式連接的。但在 THS 中，由加速感知器將加速踏板的開啟角度轉成電子訊號並且傳送到混合動力 ECU。依據節氣門開啟方向，由在 ECU 中的節氣門控制電腦驅動節氣門馬達及控制節氣門的開度。

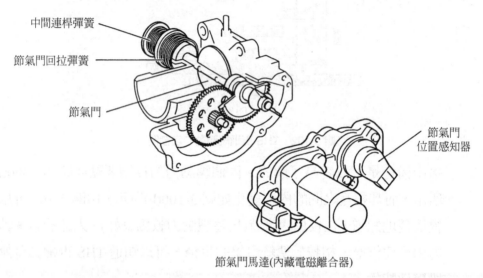

中間連桿彈簧

節氣門回拉彈簧

節氣門

節氣門位置感知器

節氣門馬達(內藏電磁離合器)

圖 3-104　電子控制節氣門

(2) 排檔系統的連結方式

車輛的前進、退後是依據排檔感知器的訊號直接控制馬達轉動方向，不需要任何連桿來連結。至於 P 檔，則是機械的方來固定輸出軸的移動。這個機械式的 P 檔駐車鎖定系統和傳統車輛所使使用的相同。

(3) 無離合器和空檔方式

前輪及馬達通常是以齒輪及鏈條的機械方式連接，這就是所謂的無離合器法。在空檔時，會感測到驅動力降低，再依據排檔感知器的空檔信號，所有變流器(連接到馬達和發電機)內的功率電晶體都被成截止(OFF)狀態，這使得馬達及發電機停止作動，輸出軸的驅動力變為零。

在這種狀態下，假如引擎運轉，發電機也是在不充電的狀態下。假如車子長時間位在空檔，例如碰到塞車，驅動力由電瓶持續提供又無充電，應注意可能會出現問題。

檔位感知器

圖 3-105　檔位感知器

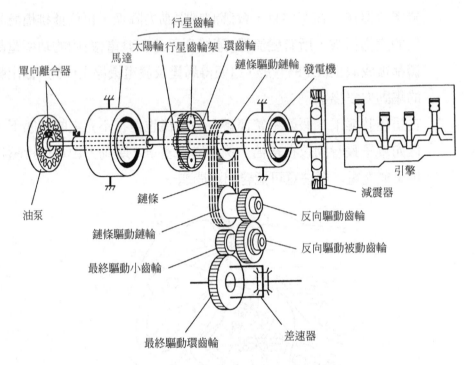

行星齒輪

太陽輪 行星齒輪架 環齒輪

馬達

單向離合器 鏈條驅動鏈輪 發電機

油泵

鏈條

鏈條驅動鏈輪

最終驅動小齒輪

引擎

減震器

反向驅動齒輪

反向驅動被動齒輪

最終驅動環齒輪

差速器

圖 3-106　馬達和驅動輪之連接方式－鏈條連接

3-3　車輛行駛和燃油消耗

1.　混合動力車擁有汽油引擎及馬達兩種行駛機構的功能。它能依據起步、行駛及停車等駕駛狀況使引擎及馬達的動力做最有效率的結合。因此，車子會自行判斷何時是最佳狀況，行駛起來能像傳統汽油引擎車子一樣。當電瓶中蓄電量低於總容量的60％時，便會自動使用汽油引擎來進行充電，因此，不像電動車，它不需要使用外來的電源充電。

圖 3-107　Prius 混合動力車

2. 駕駛者的坐位設計有寬敞的踏腳空間，要從駕駛者的坐位移動到乘客的坐位相當輕鬆，排檔桿是從轉向機柱下端附近的底板(dashboard)處向上延伸出來。

   排檔桿的五個檔位為 P、R、N、D、B。檔位之使用時機說明如下：

   P(駐車)：駐車及起動混合動力系統時(點火開關的鑰匙只能在 P 檔時取出)

   R(倒車)：倒車行駛時(蜂鳴器會發出聲音，警告駕駛者正在倒車)

   D(行進)：一般行駛時，車速隨著加速狀況變化。

   B(引擎煞車)：當行駛於下坡時會有引擎煞車(在 B 檔時，仍然可以加速)

3. 若排檔桿排在N檔，即使汽油引擎在運轉中，驅動電瓶也不會充電；如果長時間排在N檔，驅動電瓶的電力將會被耗盡，因而導致車子無法行駛。在行駛中，不可以將排檔桿排入N檔，若排入N檔，不僅引擎煞車無法作用，還可能會導致嚴重意外的發生，或損傷了驅動系統，即使是在塞車時，也應該排在D檔的位置。

4. 另外，在D檔時放鬆加速踏板，驅動輪子的馬達變成了發電機，並且充電至電瓶中(回生煞車系統，regenerative brake system)，在這個動作中，可得到類似於引擎煞車的煞車效果，不過，減速效果會比傳統車子來得差。

在駐車時應注意將排檔桿排入 P 檔，若排檔桿排在 N 檔，即使汽油引擎在運轉中，驅動電瓶也不會充電；如果長時間排在 N 檔，驅動電瓶的電力將會被耗盡，因而導致車子無法行駛。行駛中，不可以將排檔桿排入 N 檔，若排入 N 檔，不僅引擎煞車無法作用，還可能會導致嚴重意外的發生，或損傷了驅動系統，即使是在塞車時，也應該排在 D 檔的位置。

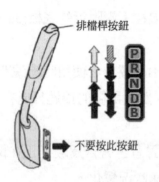

圖 3-108 排檔桿位置及操作檔位

5. Prius是一部結合了的引擎及馬達混合動力車，能依駕駛者的指示快速而精確地反應出最合適的駕駛狀況。車子目前的駕駛情況一般是透過監視器將訊息傳達給駕駛人，其媒介包含了多功能顯示器及中央儀錶。Prius的混合動力系統的作動狀態，可以經由這些裝置從視覺上得到了解。

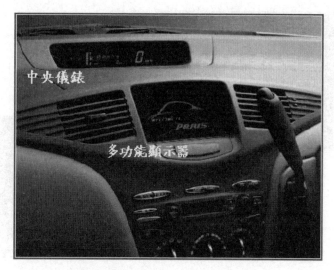

圖 3-109　中央儀錶及多功能顯示器

當點火開關的鑰匙轉到 ON 時，多功能顯示器會顯示"Welcome to Prius"的訊號，Prius 和傳統車子不同的地方便是立即顯示。

在中央儀錶中，除了具有傳統儀錶能顯示的功能之外，另外加入了混合動力系統的"Driving OK"指示燈及電瓶電力輸出限制警告燈。

6. 有5.8英吋寬的多功能顯示器是透過燃油經濟性監視畫面及能量監視畫面來提供混合動力系統的資訊。

多功能顯示器也會顯示其他的資訊，如音響、FM 廣播電台、各種警告、AV 調整，以及導航等等。

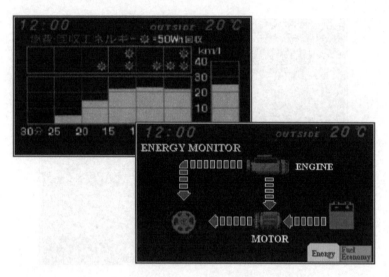

圖 3-110 燃油經濟性(上)及能量監視(下)畫面

7. 當位於多功能顯示器右下方的"能量(Energy)"開關被按下後,顯示器便會顯示能量監視的畫面。無論車子目前是用什麼裝置(引擎、馬達、或兩者皆有)在驅動,以及混合動力系統是在充電或放電等,都是用虛線箭頭來表示能量傳送方向。至於電瓶,顯示器會以四個階段來顯示驅動電瓶的殘存電量,綠色表示電量正常,紅色表示電量不足。

因為顯示畫面是每隔 2 秒更新一次,所以顯示的內容通常和實際狀況並非完全一致,這點需要加以注意。

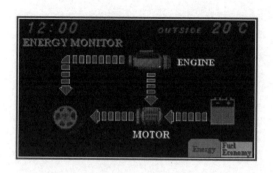

圖 3-111　能量監視畫面能顯示各種運作狀態下的能量流動情況

8.　當位於多功能顯示器右下方的"燃油經濟性(Fuel Economy)"開關被按下，顯示器便會顯示燃油經濟性監視的畫面，包括可以看到燃料消耗率及能量回收的狀況。右邊表格是顯示燃料消耗率的即時狀態，最大可顯示到40km/*l*；左邊下方表格是顯示從點火開關打開起每隔五分鐘的平均燃料消耗率，最大的平均燃料消耗率可顯示到30 km/*l*。

在左邊上方表格中，每一個格子是以 25Wh 為單位顯示過去 5 分鐘能量恢復的狀況。25Wh 是表示讓 100W 的燈泡亮 15 分鐘的能量。能量的恢復量是用記號 E (Energy)來顯示，因此，當出現半個記號 E 時，表示恢復了 25Wh 的能量；當恢復了 50Wh 時，就會出現一個完整的記號 E。在間隔時間為 5 分鐘的格子中，最多可以顯示 4 個記號 E(＝200Wh)。

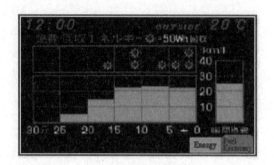

圖 3-112　燃油經濟性監視畫面可以顯示燃料消耗率及能量的回收情況

9. 在中央儀表中，加入了混合動力系統的"Driving OK"燈及電瓶電力輸出限制警告燈，以及其他傳統的儀表也可在此發現，如下所示。

在中央儀錶中，除了具有傳統儀錶能顯示的功能之外，另外加入了混合動力系統的"Driving OK"指示燈及電瓶電力輸出限制警告燈。

(1)　Driving OK指示燈③

　　　一般來說，這指的是中央儀錶上的"**READY**"燈。當點火開關轉至起動位置時，"**READY**"燈即開始閃爍，在約兩秒鐘後會亮起並顯示"**READY**"字樣，這表示車子已經處在任何時刻都可以起步行駛的狀態。即使引擎沒有發動運轉，只要當"**READY**"燈亮起時，車子都能照常起步行駛。

　　　當引擎在起動時，"**READY**"燈在閃爍，假如此時操作排檔桿，有時候是車子會無法開動。在這種情況下，必須先將點火開關轉至 LOCK 位置，然後再重新起動引擎。另外，假如混合動力(Hybrid)系統有些異常現象且運轉指示燈並未點亮時，則 Hybrid 系統異常指示燈(主警告燈)將亮起。在這種情況下，則應該與 Toyota 服務商聯繫請求協助。

(2) 動力輸出限制警告燈⑤

　　在下列的情況下，這個又被稱爲"烏龜燈"的警告燈會亮起來，這表示電瓶電力的輸出將會受到限制：

①Hybrid 系統連續高負載運轉，馬達…等的溫度過高時。

②電瓶中殘存的電力很低時。

③大氣溫度太低且驅動電瓶的溫度低於攝氏零度時。

　　總之，這個"輸出限制警告燈"不是用來指示功能出現異常狀態的。當此燈亮起時，若不要重踩加速踏板並適當控制行駛速度，使電瓶恢復到充電狀態，待充電量一恢復此燈自然而然就會熄滅。當此燈再度亮起時，加速性與爬坡性將比正常情況時來得差。而從另一個觀點來看，包括在高速公路上行駛，汽車都能如同在正常駕駛情況下來行駛。

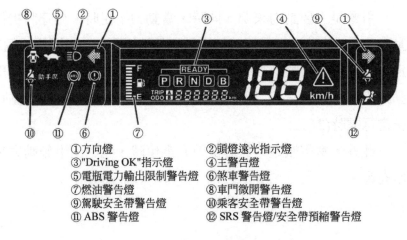

①方向燈　　　　　　　　　　②頭燈遠光指示燈
③"Driving OK"指示燈　　　　④主警告燈
⑤電瓶電力輸出限制警告燈　　⑥煞車警告燈
⑦燃油警告燈　　　　　　　　⑧車門微開警告燈
⑨駕駛安全帶警告燈　　　　　⑩乘客安全帶警告燈
⑪ ABS 警告燈　　　　　　　⑫ SRS 警告燈/安全帶預縮警告燈

圖 3-113　中央儀錶

10. 起步時

　　當起步、在低速或倒車時，引擎效率不佳，因此將燃油切斷使引擎停止運轉。此時汽車只由電瓶電力驅動馬達來使汽車行駛。

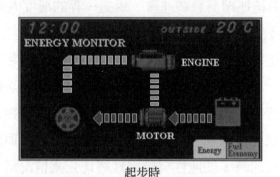

起步時

圖 3-114　起步時的能量流動

11. 正常行駛時(1)

　　引擎是主要動力來源。同時，當動力不足時，馬達將提供額外動力來源。此時汽車是同時被引擎與馬達驅動的。也因為這個理由，為了得到更多的驅動效率，引擎動力被分成二個路徑。一為即引擎動力直接驅動車輪，而另一是經由發電機發電輸出至馬達驅動車輪。

正常行駛時(2)

　　此外，當電瓶電力低於標準充電值時，也利用引擎動力來使電瓶充電。

正常行駛(1)

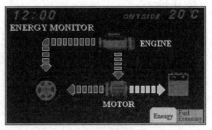
正常行駛(2)

圖 3-115　正常行駛的能量流動

12. 全加速時

　　增補正常行駛的引擎動力，是以額外使用電瓶電力的方式來提升加速性能。同時使用電力與汽油來增強行駛驅動力已成爲可能。

13. 減速與煞車時

　　當在減速與煞車時，車子將被充電。換言之，當正在煞車和放開加速踏板時，馬達就會迅速地轉變成發電機，並從車輪上回收運轉動能，然後將動能轉換成電力儲存在電瓶內(回生煞車系統)。當車速低於約 40 公里/小時，引擎會自動地停止運轉。

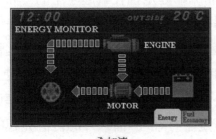
全加速

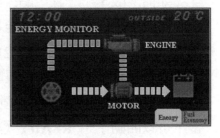
減速及煞車

圖 3-116　全加速(左)、減速及煞車(右)時的能量流動

14. 停車時(1)

在此種情況下引擎與所有能源將停止運作。

當車子停止時，汽油引擎會自動停止運轉。因此，不會因為引擎要怠速運轉而消耗燃油，也沒有 CO_2 廢氣排放的問題。

停車時(2)

當空調系統正在全開位置(FULL)，同時/或當電瓶正在充電時，引擎將不會自動地停止運轉。

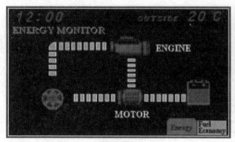 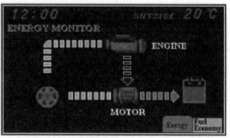

停車時(1)   停車時(2)

圖 3-117　停車時的能量流動狀態

15. 起動

如同一般車子一樣，點火開關鑰匙是插在鑰匙座中的。如果將鑰匙轉開一段，則轉向鎖就會打開，同時在儀錶板中間的中央儀錶上，數位式車速錶及燃油錶也會有所顯示。接下來，若將鑰匙轉至相當於一般車子的"起動"位置時，在中央儀錶上，檔位指示燈上方的"**READY**"燈會先閃爍數秒鐘，然後亮起，這表示車子已經準備妥當，可以開動了。"**READY**"燈是不會在"P"檔以外的位置亮起的，這個情形就像傳統引擎起動馬達無法運轉那樣。

引擎是在"**READY**"燈閃爍時起動，在起動數秒鐘之後引擎會停止運轉。但是，當空調開關打開或電瓶電力不足時，則引擎仍會持續保持運轉。即使引擎發動了，但轉速只有 1000rpm 左右，在車外所聽引擎聲音還是滿小聲的。記住，插入鑰匙來起動 Prius 對於"起動與移動系統"的展現會更為精確，而不再"只是發動車子引擎"的印象而已。

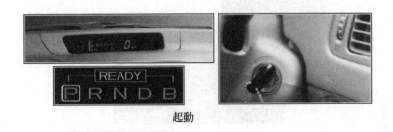

起動

圖 3-118　車輛之起動

16. 引擎起動

引擎起動不同於傳統汽油引擎起動馬達與環形齒輪方式，基本上它利用發電機作為馬達來搖轉引擎，因此沒有齒輪噪音。因為引擎的起動很平順，在車內時，若沒有使用能量監視畫面，要清楚地辨認出引擎是否正在起動有時是很困難的，而要知道車子是否已在發動狀態也是很困難的。

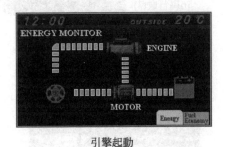

引擎起動

圖 3-119　引擎起動時的能量監視畫面

17. 市區行駛(1)

　　當點火開關轉至起動位置時，在儀錶板中央的數位式儀錶上
之"**READY**"燈將會閃爍。在這種情況下，將排檔桿由 P 檔移至 D 檔
後並用腳踩下加速踏板來開動車子。

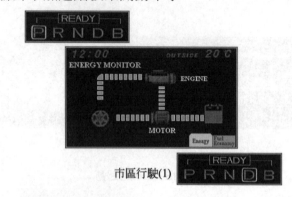

市區行駛(1)

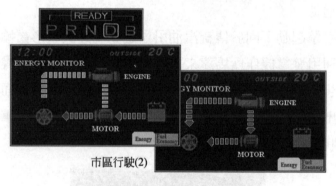

市區行駛(2)

市區行駛(3)

圖 3-120　市區行駛

市區行駛(2)

　　不踩加速踏板，起步後一直到約 10~20km/hr 左右，車子的移動就像是一部電動車那樣只有機械的馬達聲。由於車子的行駛是由馬達來獨立驅動，所以車子就顯得格外安靜。然而，因為驅動電瓶 6.5AH (3H) 的容量很小，所以引擎會在車子起步加速後立刻起動。

市區行駛(3)

　　在一般的市區行駛，引擎只在加速起步時才需要起動運轉，減速時，引擎又因為回生煞車系統的作動而需要常常停止運轉，使得引擎運轉時間很少，因此，行駛時是使用運轉非常安靜的馬達作為主要動力來源。馬達動力在起步上，具有最小向前力量的緩慢行進 (light creep)起步能力，因此起步比較平順。和一般使用扭力變換器的自動變速箱車子來比較，Prius 加速時的抖動情況也小很多。因此，對於車子經常性地走走停停，是不會有什麼困擾的。

　　在一般的市區行駛，車子在開始行駛時是要靠引擎提供動力，同時，馬達也要透過引擎帶動發電機機發電來運轉。此時，假如電瓶必須充電，也會進行充電。在這些情況下引擎會持續保持運轉。

　　當動力性能保持在令人滿意的一定需求水平之上時，車子會有充足的加速性能，因此動力輸出會很流暢。

18. 高速行駛(1)

　　當車子的速度增加時，像是在公路上行駛，行駛的動力是同時由引擎和馬達來供應。

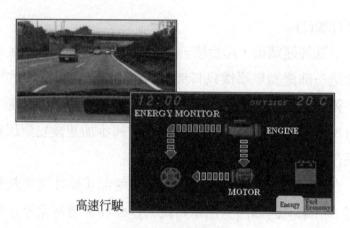

高速行駛

圖 3-121　高速行駛(1)

　　在這個狀況之下，引擎幾乎時時刻刻在運轉。引擎停止運轉，電瓶充電，電瓶供應電力給馬達，需要依道路的坡度，車子加速、減速，還有電瓶的充電狀況而定，如圖 3-122 所示。

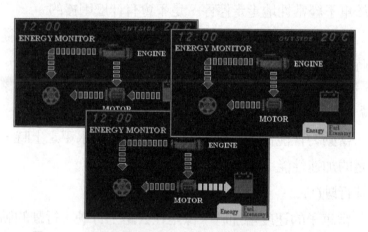

圖 3-122　車輛行駛時，動力系統的運作隨行車狀況而改變

高速行駛(2)

　　在擁擠的道路上，條件和一般道路上是一樣的。

當要超車加速時,當然是同時使用引擎和馬達的動力,但需要多花一點時間(因為動力性能稍嫌不足)。不過,要追上一般車流的能力是很足夠的。

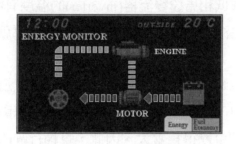

圖 3-123　高速行駛(2)

19. 爬坡時

在爬坡路段需要節汽門大開以獲取較大的動力時,除了引擎和發電機供應的驅動力之外,電瓶也會供應電力來補充。因為車子是在重負荷的情況下,因此電瓶的電壓會在重負荷駕駛幾分鐘後降下來。

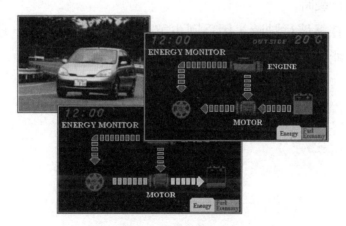

圖 3-124　爬坡時

20. 長時間爬坡

電瓶的充電量指示燈會變成紅色，過一會兒，在數位式儀錶左方的黃色"烏龜燈"會開始閃爍，這個燈稱為電力輸出限制警告燈。當電瓶的電力降低和馬達變流器(inverter)的溫度有明顯上升時，燈就會亮。然而，在減速下行駛 4~5 分鐘，充電電壓就會恢復水平，警告燈熄滅。

即使是忽略指示燈閃爍而不去管它，依然繼續行駛，也不會有問題產生。只不過，當警示燈亮的時候，引擎動力用在帶動發電機發電的的比例會變得相當大，因此，車輛行駛的動力輸出會因為引擎本身動力的限制而變小。

圖 3-125　電力輸出限制警告燈

21. 下坡行駛時

在下坡行駛時，因為回生煞車系統'會持續作用一段較長的時間，能量的回收率高，使得燃油效率提高。

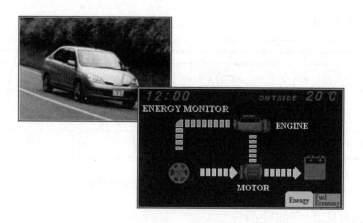

圖 3-126　下坡行駛時

22. 10-15段模式之燃油經濟性

　　10-15 段模式之燃油經濟性如圖所示，這是由日本交通部針對此型車輛進行審查時在底盤測功計上測量到並發表的數據。10-15 段模式是以在市區行駛到最大速度　40Km/hr　和在公路行駛到最大速度 70Km/hr 的二種駕駛型態為基礎，分別加上怠速，加速、減速等所構成的測試模式。

　　以這個模式基礎，在底盤測功計上來作測試。在測試的條件方面，是設定車子上有 2 個人乘坐，冷氣系統在 OFF 的狀態。在日本，這項測試是用來產生比較燃油經濟性的官方測定值。然而，這個 10-15 段模式的燃油消耗率只不過是日本交通部的一項報告數據，和實際的燃油經濟性是有極大差異的，因為實際的燃油經濟性包含了會影響燃油經濟性的各種因素，像是道路狀況、駕駛方法和天候狀況等等條件。

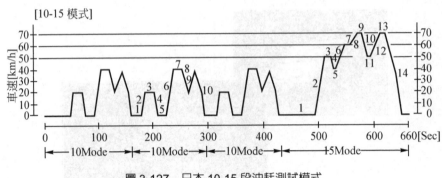

圖 3-127　日本 10-15 段油耗測試模式

23. Prius實際的燃油經濟性

　　Prius 在 10-15 段模式中測試的燃油經濟性（車輛平均速度爲 20Km/hr）是 28Km/*l*，這個數據是一般傳統引擎配備 AT 車輛(Corolla 級)的 2 倍，可以說是即佳的數據。但是，消費者卻錯把這 28Km/*l* 當作是實際駕駛狀況的燃油消耗率。因爲這個數據和駕駛者自己駕駛所得到的燃油消耗率有實質上的差異，消費者可能會想知道爲什麼會有這麼大的不一致性。如同前面所述，這個數據是在底盤測功計上測試所得到的結果，這和實際有著各種不同因素之駕駛狀況的燃油消耗率有所不同。這點是必須加以強調的。

24. 引擎和馬達的最佳組合

　　Prius 透過混合動力系統來節省能源，這個系統使得引擎和馬達間的運轉配合獲得了最佳的平衡點。

　　在低速區域，引擎的效率是比較低的，由馬達提供動力。在中速範圍，引擎的效率提高，因此由引擎提供動力。依照這樣的話，馬達和引擎就能被控制在最佳的狀況之下運轉，因此實現了以前不曾達到的良好燃油經濟性。

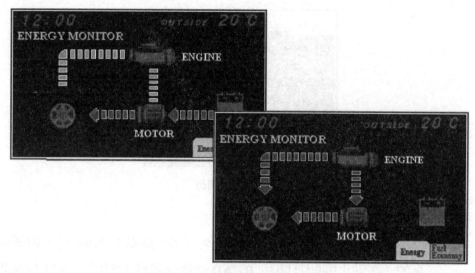

圖 3-128 引擎和馬達的最佳組合

25. Prius在市區行駛時特別有效率

　　此外，透過引擎和懸吊的省油設計，即使是在郊區一般道路高速行駛的燃油經濟性也有 1.5L 汽油車的 1.3~1.4 倍。這樣特別有效率的原因有下列三個因素：(1)使用電動馬達來行駛，(2)將減速時動能轉成電能加以回收儲存，(3)在停車時，引擎停止怠速運轉。在反覆停停走走的市區中行駛，因為這三個因素使得燃油消耗能獲得最的大改善。Prius 的燃油經濟性是傳統車子的兩倍。

圖 3-129　塞車時

26. (1)　起動後無需溫車

　　　　　除在了在一些很冷的地區行駛之外，基本上 Prius 是不需要溫車的。在點火開關打開和"**READY**"燈亮起時，即可排到 D 檔來起步行駛。溫車時間愈長的車輛，燃油的消耗量愈多。

圖 3-130　起動後無需溫車

(2)　延長馬達的行駛距離

　　　　　Prius 在車速達到 45km/hr 以上時引擎就會起動運轉。若引擎是在起步重踩加速踏板(油門)時起動運轉，則引擎會在起步後第一次放鬆加速踏板時熄火。在熄火之後，駕駛人可以經由適度地輕踩加速踏板將車速控制在 40km/hr 左右而完全使用馬達來行駛。

(3) 有效使用回生煞車

　　以上述的行駛方法(2)來行駛，將會使得電瓶中儲存的電力逐漸減少，這時可視實際的交通行駛狀況而定，例如在接近紅燈路口或通過十字路口時或在下坡路段行駛時，可藉由提早放開加速踏板使回生煞車作用來回收能量，而且排在 B 檔的能量回收率比排在 D 檔好。因為電瓶電力已經不足了，最重要的是應該避免在等待交通號誌燈號變換時起動引擎。

(4) 停車時，用力踩下煞車踏板

　　當踩煞車踏板踩得太輕時，因為緩慢行進功能的作用，電力會流到馬達。此時，能量監視畫面將會指示電力流向：電瓶〉馬達〉車輪。這個時候就有需要重踩煞車來停止電力流向馬達。電力的流向，當停車減少電瓶能量和並起動引擎來充電。

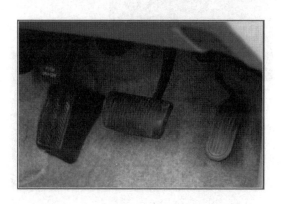

圖 3-131　停車時，用力踩下煞車踏板

(5) 停車起步時，應善用緩慢行進的功能

　　因為交通擁塞或是在等待交通號誌燈號變換而需要由靜止中起步時，注意車流狀況，可提早放開煞車踏板使用緩慢前進功能來得到平順的加速，這個方法的使用和傳統 A/T 的車輛一樣。

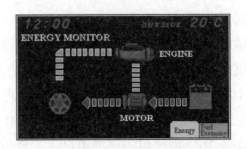

圖 3-132　善用緩慢行進的功能

(6)　空調系統應使用A/C模式

空調系統切在"FULL"模式會消耗較多的電力，務必只在需要快速冷卻時才使用，在正常情況下，應使用效率較高的 A/C 模式。

圖 3-133　適切地使用空調系統

(7)　有效使用燃油經濟畫面

在行駛期間，燃油的經濟狀況通常會顯示在燃油經濟性監視畫面上。因此，若以前面所述(1)~(6)的方法來行駛，自然可獲得良好的燃油經濟性。當監視畫面顯示一個記號 E 時，表示回生煞車回收了 50Wh 的電力，在 5 分之內最多可獲得四個記號 E。每多出現一個記號 E，就表示了行駛燃油經濟性愈好，所以駕駛人應設法獲得更多的記號 E，並應向個人的經濟行駛記錄挑戰。

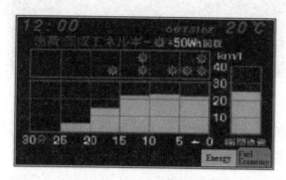

圖 3-134　有效使用燃油經濟畫面

3-4　FAQ

1. Prius經報導可以改善油耗及低排放污染，其在安全性方面如何？

　　答：安全性是非常重要的考量，車體方面是採用世界頂級水準碰撞安全設計標準的 GOA 車體。全新發展可以減少衝擊保護胸部的安全帶，雙安全氣囊(SRS)與防鎖煞車系統(ABS)都是標準配備。

圖 3-135

2. 與傳統汽油車比較，操作上是否不會有任何的不方便或麻煩？在新
   手操作時是否容易上手？

   答：駕駛操作與傳統車輛相似，你可以安心地駕駛。車輛能自行選
   擇引擎及馬達的組合狀態作最有效率的行駛。動力從馬達轉換
   到引擎很平順，駕駛人完全不會發現動力在轉換。除此之外，
   無段變速自動變速箱(Continuous Variable Transmission，CVT)在
   換檔時沒有抖動的感覺，加速反應佳。在起步或在高速公路超
   車時，和加速踏板踩踏程度一致的加速感，展現出了行車的順
   暢感。

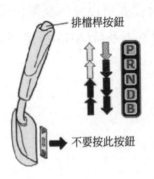

排檔桿按鈕

不要按此按鈕

圖 3-136

3. 當停車時，空調是否會作用？

　　答：是的，空調是有作用的。空調系統是採用內外氣上下兩層設計
　　　　的自動化空調系統。要抑制 Prius 引擎動力消耗與燃油消耗，就
　　　　必須考量空調系統的效率化。當停車時，藉由切斷引擎及關掉
　　　　壓縮機來改進油耗。當要除濕、除霧時或有強烈的太陽照射等
　　　　情況下而需要優先使用空調時，將風扇開關切到「FULL」位置
　　　　就可以使引擎繼續維持運轉及加強冷度。可以經由車體本身隔
　　　　熱結構能減少陽光直射車內部時的溫度增加。

圖 3-137

4. 此車爬險峻的斜坡有足夠的馬力嗎？在高速公路行駛時有足夠的車
　　速嗎？

　　答：你絕對不會說這部混合動力車(Hybrid car)慢，因為 Prius 上所搭
　　　　載的引擎具有最大馬力/最大扭力 58PS /10.4kgm 的性能，馬達
　　　　也有 30.0kw/31.1kgm 的性能。加上引擎和馬達又能做最有效率
　　　　的驅動，性能上比引擎排氣量 1500cc 的車子還要好。

當要進入高速公路行駛或在高速公路超車時,電動馬達動力會自動加入而和引擎動力一起輸出,所以車子在加速性能上的表現是令人驚訝的。

圖 3-138

5. 我住在北海道(Hokkaido,日本四大島中最北的島嶼),冬天天氣很冷,Prius在那樣環境下,引擎能夠發動嗎?

答:在這方面沒有任何需要擔心的。Prius 的電瓶只要正常使用,即使是在非常寒冷的地方,要發動引擎是沒有問題的。

圖 3-139

6.　車上裝了引擎和馬達，Prius的車內空間夠大嗎？

　　答：Prius 的車內空間使用有了很多全新的設計。車子全長是
　　　　4275mm，這種車型尺寸可說是屬於短小的車款，然而，因為它
　　　　有長軸距，故可得到很寬的室內空間。再者，因車子很高，所
　　　　以它有較大的腿部空間(legroom room)，更令人驚訝的是四個成
　　　　人可以很充裕的在車內活動。"車內空間最大化，外型最小化"
　　　　的包裝設計觀念是未來設計的潮流。

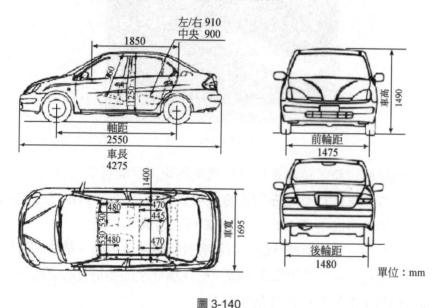

圖 3-140

7.　哪一方面是Prius車對環保聲浪的重視？

　　答：豐田 Prius 已經達到許多有關環保問題上的要求。Prius 對環保
　　　　來說是最友善的，例如，它的燃料消耗只有一般車的 1/2，除外，
　　　　被認定造成地球溫室效應因素之一的 CO_2，Prius 的產生量約只
　　　　有一般車的一半。再者，NO_x 廢氣，加速時是排出量最大的時

候，Prius 的 NO_x 排放量控制到只有政府法規的 1/10。簡單的說，因為它使用馬達的關係，汽油引擎的負載減少，所以只汽油引擎需使用一半的汽油，只產生一半的 CO_2 廢氣，就能和傳統汽油車行駛相同的距離。這是豐田汽車竭盡所能致力於環保的和諧上，往前所邁進的一大步。

圖 3-141

8. 在汽油用盡時，這部車可以只利用馬達來行駛嗎？

答：當車子的驅動電瓶的充電狀態良好，以電動車(EV)的方式在平滑的路面上以 20km/h 的速率可以行駛 2~3km。

然而，假如繼續行駛，可能會有問題產生，如‥電瓶的電耗盡。因此，在汽油用盡之前儘可能找加油站加油是有必要的。

9. 這輛車子的燃料經濟性是如何？

答：大約可以節省一半的燃料消耗是可被理解的，因為它是混合動力車，可以有效的使用電力和汽油來運轉。Prius 可以自動和有效地使用馬達和引擎來行駛。例如：當起步和低速時，引擎的效率很差，所以這時引擎只作最小限度的使用。起步後 Prius 使用馬達來驅動，馬達所需的電力是來自電瓶。當放鬆加速踏板減速或煞車時，馬達轉變成為一個發電機，換句話說，當車子

在減速時，電力是可以回收的(回生煞車)。當停車時(例如在等
紅綠燈變換時)，引擎會停止運轉，因此沒有怠速運轉問題。由
上述可知，與傳統的汽油引擎車比較，Prius 能有效的減少燃料
消耗是可以理解的。

圖 3-142

10. 在什麼樣的行駛情況，燃料經濟性最佳？

答：在反覆停停走走的市區行駛和擁塞的道路行駛時，燃料經濟性
最為良好。原因是，在這種常常要要加速、減速和停車的行駛
狀況下，使用馬達時間遠大於使用汽油引擎。

圖 3-143

11. 燃料經濟性是否一直都是傳統汽油引擎的二倍？

　　答：不一定，燃料消耗率會隨著行駛條件和方法而改變。在加、減
　　　　速的模態中，像是擁塞的道路中行駛，燃料的經濟性將是傳統
　　　　的車輛的 2 倍以上。然而，當引擎連續在公路或開冷氣狀態行
　　　　駛時，燃料經濟性將不到傳統車輛的二倍。

圖 3-144

12. CO_2廢氣的排出量已被減少到一般傳統車輛的一半以下嗎？

　　答：燃料經濟性是一般傳統車的兩倍，因此，CO_2 廢氣量也會被減
　　　　少大約一半。同時，藉著馬達的使用，引擎的負荷輕，有害廢
　　　　氣(特別是在加速時的排放量)的排出量大約可以減少到只有政
　　　　府法規的 1/10(10-15 段模式運轉時)。

圖 3-145

13. Prius的保養方法和傳統車輛相同嗎？例如，需要更機油嗎？

答：在日常保養中不需要特殊的程序。當車子行駛時，電瓶通常都在充電，也就是說 Prius 車可以和一般的傳統車輛一樣每日行駛。機油的更換和傳統的車輛相同。

圖 3-146

14. 開車前Prius需要先充電嗎？行駛時，有什麼可以防止電力被完全耗盡？

答：Prius 擁有自己的充電系統可以將電力儲存到電瓶，一點都不需要用外部電源來充電。車子的加油也是和傳統車輛一樣。當電瓶的充電量降到預設值以下時,引擎就會自動地驅動發電機充電至電瓶。因此,毋須擔心車子行駛時電力會用完。

圖 3-147

15. 假如忘了關車燈或車門而使電瓶電力不足時,是否可以像傳統車輛那樣使用救車線利用其它車子的電力來跨接起動車子嗎?

答:電瓶電力不足的情形應該很少發生。然而,假如發生了,由於Prius 有驅動電瓶和輔助電瓶兩個電瓶,可以像傳統方式那樣使用救車線將其它車子的電力連接到 12V 的輔助電瓶。引擎一經發動,Prius 在行駛的同時,電瓶就會開始充電。

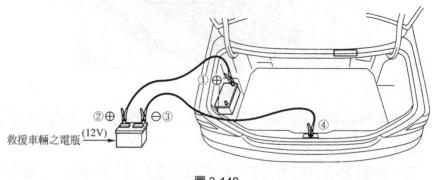

救援車輛之電瓶 (12V)

圖 3-148

16. 為什麼驅動電瓶比其它電池壽命長？

答：相對於傳統車用電瓶的使用可以從完全充電至完全放電的狀態，Prius 的電瓶充電量都是一直被控制在中間充電量的範圍，防止過度充電或充電不足。因此，對電瓶提供了和傳統車用電瓶一樣的 5 年或 10 萬公里壽命保證。在正常行駛使用狀態下沒有更換電瓶的必要。

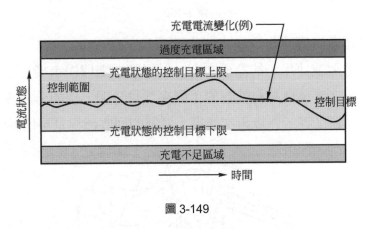

圖 3-149

17. 能確實計算出電瓶的耐久性和可靠度性嗎？

答：像這種引擎，正常使用的情況是不須更換電瓶的，你也不需要做任何特別的保養。此外，提供了和傳統汽油車一樣的 5 年 10 萬公里保證，以及每年一次(5 年 5 次)的免費檢查，因此，售後服務系統幾乎可說是要非常完善。上述之外，其它涉及有關耐久性和新系統操作性。豐田汽車公司為這未來車實施許多嚴格的耐久性測試，你將會有十足的信心來駕駛 Prius 車。

圖 3-150

18. 高壓電瓶如何回收？

答：故障或使用過的高壓電瓶，是以整個總成由市場上來回收，回
收之後會依材料性質的不同來加以分類，例如分成像不銹鋼的
原料…等，然後再次使用。這種的回收流程是早已經建立了。

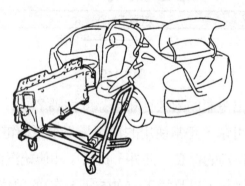

圖 3-151

19. 什麼是回生煞車系統(Regenerative braking system)？

答：它是能將在減速或煞車時所產生的動能轉換成電能的新系統。
簡單地說，在腳踩煞車或釋放加速踏板時，馬達就變成了一個
發電機發電，將電力儲存到電瓶。

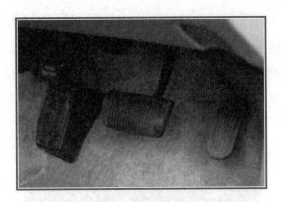

圖 3-152

20. 什麼是INZ－FXE高膨脹比循環引擎？

答：提高壓縮比可以改善理論熱效率，然而，當壓縮比提高，容易產生爆震。高膨脹比引擎是一種為了避免爆震而利用大幅遲延進汽門關閉正時的方法來提高膨脹比以減少實際壓縮比進而實質控制熱效率的引擎。

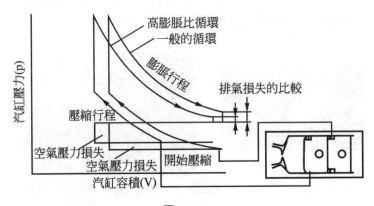

圖 3-153

21. Hybrid變速箱能否像自排變速箱那樣產生緩慢行進的現象(creep phenomena)？

答：不會，Hybrid 變速箱本身在結構上並不能產生像傳統自排車那樣有緩慢行進的現象。然而，可以透過控制馬達的電流使 Prius 能有傳統自排車緩慢行進的能力，緩慢行進的力量是設定成和自排車一樣。

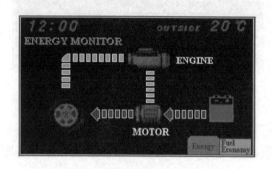

圖 3-154

22. 當引擎頻繁起動和熄火，不會感覺到起動馬達的噪音嗎？

答：Prius 車沒有起動馬達，當引擎被發動時是使用發電機。因此駕駛者自然不會感覺到有任何噪音。

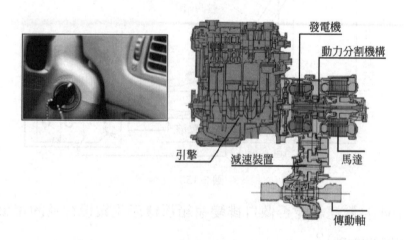

圖 3-155

23. 是否會因電磁波而產生任何不良的影響？

答：在高電壓的零件上都有裝上電磁波防護隔離層，電磁波阻隔能
　　力和傳統車子一樣。

圖 3-156

24. 什麼是CVT (無段變速自動變速箱)？請以駕駛手排車的觀點來做淺
　　而易懂的說明。

答：和手排變速箱一樣，傳統的自排車在變速箱內有許多的齒輪，
　　如一檔、二檔齒輪等，但 Prius 的 CVT 內並沒有這樣的齒輪機
　　構。因為引擎和馬達的驅動能隨著行駛條件的不同做無段變
　　化，所以沒有換檔振動的缺點，開起來感覺很平順，加速性也
　　很好，令人感到輕鬆愉快。操作上和傳統傳統的自排車完全一
　　樣。

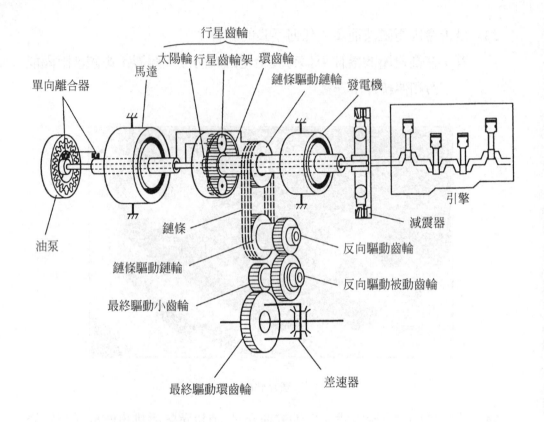

單向離合器

馬達

行星齒輪

太陽輪 行星齒輪架 環齒輪

鏈條驅動鏈輪

發電機

油泵

鏈條

反向驅動齒輪

鏈條驅動鏈輪

反向驅動被動齒輪

最終驅動小齒輪

引擎

減震器

最終驅動環齒輪

差速器

圖 3-157

25. 請說明有關馬達(永久磁鐵式交流同步馬達)的作動原理？

答：當三相交流電流過靜子線圈的三相電路時會產生旋轉磁場，當
　　配合轉子轉動位置和轉速來對此一轉動磁場加以控制時，轉子
　　上的永久磁鐵就會受到旋轉磁場的感應(induce)，因而產生扭力。

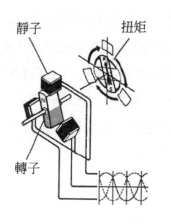
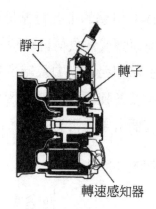

圖 3-158

26. 在不同的行駛狀態下，馬達和引擎如何一起工作？

答：腳施加在加速踏板上的力量及車速，決定了行駛驅動力和引擎的馬力，同時也決定了節汽門開度。隨著節汽門開度的決定，發電機的運轉也被設定在最有效率的轉速。依據行駛驅動力的需求，先由引擎來提供扭力，不足的部份再由馬達來提供。

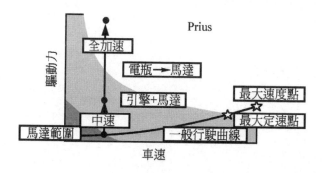

圖 3-159

27. 混合動力系統使用D-4引擎(汽油直接噴射引擎)，是否無法獲得較高的燃油經濟性？

答：D-4 引擎的主要特點是可以降低輕負載期間的泵壓損失，對怠
速運轉或輕負荷行駛時的燃油經濟性改善很明顯，所以要將 D-4
引擎和混合動力系結合是可以的。然而，如果就選擇一個高效
率及各種行駛狀態下皆有高扭力輸出的引擎來看，目前使用的
這個引擎非常有效率，沒有選擇 D-4 引擎的必要。

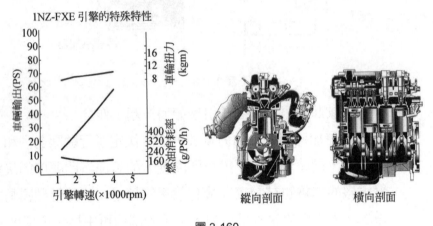

圖 3-160

HYBRID ELECTRIC
VEHICLES

4 日產混合動力車

4-1　概　要

　　日產(NISSAN)汽車公司首先發表量產的混合動力車是如圖 4-1 所示這部名為 TINO 的車子，它於 1999 年 4 月開始進行實車道路試驗行駛，並在 2000 年 4 月在網路上公開試售。TINO 經過正式的實車道路試驗後，在燃料消耗率的性能表現上約為汽油車的 2 倍，亦即產生 CO_2 大約可減少 1/2，在 10-15mode 測試模式為 23km/L 程度。

圖 4-1　NISSAN TINO

4-2　日產混合動力系統之基本構造與特徵

　　日產汽車公司將其混合動力系統命名為 NEO Hybrid System 簡稱 NEO HS。NEO 是 Nissan Ecology Oriented performance 的縮寫，是日產汽車公司對其省油低公害系統的冠稱。系統是由引擎與驅動用電瓶、發電機、馬達、變流器，連續無段變速箱（Continuous Variable Transmission，CVT）、控制電腦等主要機件構成，如圖 4-2 所示，採並聯方式來驅動前輪。各主要機件因各汽車公司在設計特點上有所不同，所以在配置上略有不同，由圖 4-2 和圖 4-3 可知，NEO HS 的發電機位置和 THS 不同。

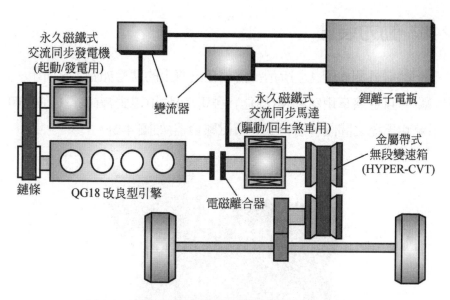

圖 4-2　日產 NEO 混合動力系統(NEO Hybrid System)

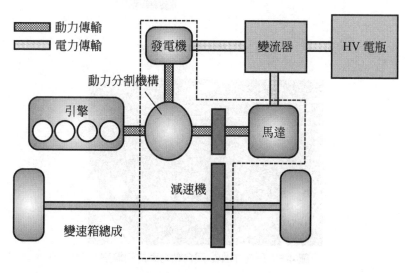

圖 4-3　TOYOYA 混合動力系統(TOYOYA Hybrid System,THS)

4-2-1　動力裝置

　　動力裝置外觀如圖 4-4 所示，搭載在汽車上的狀態如圖 4-5 所示，是由引擎+驅動/回生煞車用電動機(馬達)+發電/起動用電動機(發電機)+CVT　構成。引擎和馬達之間設有磁粉式的電磁離合器(如圖 4-2)。

圖 4-4　NEO HS 動力裝置

圖 4-5　日產 TINO 混合動力車的引擎室

引擎

　　爲了徹底節省燃油的消耗，引擎採用型號 QG18-EM29 的線列 4 缸 DOHC 4 汽門 1.8L(1769cc)阿特金森循環(高膨脹比循環)汽油引擎。這是一款專爲混合動力系統開發的引擎，以原有的 QG18 型引擎爲基礎變更設計所改造而成，改造的最大特點在於採用與 PRIUS 相同的之高膨脹比循環及連續可變汽門正時控制系統（CVTC）。CVTC 的作用及功能和 Toyota 引擎上的 VVT-i 是一樣的，汽門具有較大的開啓關閉作動範圍，因此相較於沒有可變汽門正時系統的基本引擎，它能大幅度遲延進汽門之關閉正時。由汽門驅動機構和活塞關係可以得知，這樣的變更設計對所有運動部之摩擦力也能有效減低。

　　引擎性能最高馬力爲 100ps，最大扭力 14kg-m，最高轉速限制在 5000rpm，這些數值是由推定而知，實際上 QG18DE 型引擎最高馬力爲 120ps/5600rpm，最大扭力爲 16.4Kgm/4400rpm，最高轉數爲 6500rpm。

　　在混合動力車上引擎採用電子控制節汽門已是一項基本常識，所以NEO HS 自然也不例外。

馬達、發電機

　　在 NEO HS 上使用了兩個永久磁鐵式交流同步電機，分別爲驅動/回生煞車用電動機與起動/發電用發電機。

　　起動/發電用發電機其主要功能爲發電機，一般通稱爲發電機，因爲它在引擎起動另外兼做起動馬達來使用，也有人稱它起動/發電用馬達。和一般引擎的交流發電機一樣裝在引擎的側面(如圖 4-6 所示)，安裝的位置與 PRIUS 不同，由於它的體積較大，在安裝上要堅固一點，驅動不是使用皮帶，而是透過鍊條轉動。

驅動/回生煞車用電動機，事實上就是電動車上所使用的驅動馬達，主要功能是用來驅動車輛行駛，一般通稱為驅動用馬達，簡稱為馬達。馬達在減速及煞車時會轉變發電機來回收煞車能量，所以有人稱它為驅動/回生煞車用馬達。

驅動用馬達是裝在 CVT 的輸入端(圖 4-7)，即一般車輛自動變速速箱扭力變換器的部位上，與引擎之間設有電磁離合器，具有最高輸出功率 20kW(約 27PS)，最大扭力 150N-m (15kg-m)的性能。

TINO 所使用的這兩個三相交流同步電動機，和 PRIUS 同樣都由日立集團之新神戶電機公司製造，馬達和發電機的輸出功率分別約 20kW 和 10kW，比 PRIUS 的 40kW、20kW 來得低。

圖 4-6　驅動/回生煞車用電動機

圖 4-7　發電/起動用電動機

變流器

變流器位安裝在 CVT 的上方(如圖 4-8)，採為水冷式設計，它和馬達一起使用專屬的冷卻系統與電動水泵浦，冷卻水路和引擎冷卻系統完全分開。

圖 4-8　變流器位在 CVT 上方

CVT

　　NEO HS 之 CVT，是由日產車系中廣泛使用在大多數一般市售車上的金屬帶式 CVT 加以改良而成為混合動力車專用的 CVT，其內部有特別加裝電動式油壓泵浦，以備在引擎不運轉時使用(如圖 4-9 所示)。

　　這個 CVT 是由二個相對可變 V 型溝槽皮帶輪及金屬驅動帶所構成，利用皮帶輪和金屬驅動帶間的摩擦作用傳輸動力，這和一般所使用的 CVT 相同。由於 CVT 之變速必須使用油壓改變金屬驅動帶在皮帶輪溝槽中的位置，此油壓是由通常都是引擎驅動油泵而獲得，不過在只使用馬達行駛時，所需之油壓則是特別使用電動油壓泵來供給，如圖 4-10 所示。

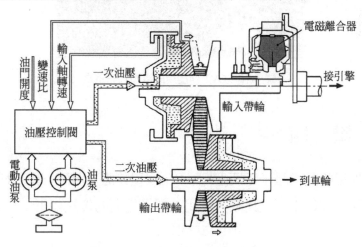

圖 4-9　NEO HS 的 CVT 變速機構

利用摩擦作用方式來傳輸驅動力多少會有摩擦損失存在，摩擦損失的多寡則會影響到燃料的消耗，而當油壓改變金屬驅動帶在皮帶輪溝槽中位置的同時，也會改變皮帶輪和金屬驅動帶間的摩擦力，因此 NEO HS 利用了預估扭力產生是否正確的方式來對作用在皮帶輪上的油壓做最適當之控制。當驅動扭力小時將油壓降低到適當的需求值使摩擦損失不要超過太大，如此可抑制燃料消耗率惡化。在汽油車上要預估扭力很困難，所以在低驅動扭力時經常會有過高的油壓出現。

排檔位置為 P、R、N、D、L，變速箱內沒有倒檔齒輪，在 R 檔時馬達產生逆轉作用。押下排檔選擇桿頂端之按鈕時，整個變速箱變速比會變高，產生的驅動力與汽油車中設定 Sport mode 時一樣大。

圖 4-10　CVT 作動用的電動式油壓泵

4-2-2　電　瓶

日產採用的是鋰離子電瓶(圖 4-11)，這和其他公司不一樣，與 TOYOTA PRIUS 使用的鎳氫電瓶來比較，使用鋰離子電瓶的優點如下：

1. 輸出密度高，可輕量化，發熱量也少，在低溫時的作動特性依然非常很好。

2. 耐熱，電瓶內部的溫度到達65°C也沒有問題。

3. 電壓變化平穩，充電狀態容易用電瓶電壓來掌握，因此只要用電壓就可以正確地管理SOC（State of Charge：充電狀態）。

　　雖然鋰離子電瓶有能量密度高等優點，但也有成本較高之缺點，而對於這項缺點的改善是將以往使用在正極上的高價位材料改用錳系金屬代替，並透過變更內部構造的方式提高能量輸出，改善結果可得到了與鎳氫相同的價格。混合動力車裝載在車上的重量約只有純電動車的 1/10。

　　車子共搭載了兩個電瓶，每一個電瓶都是由 48 個圓筒型分電池串聯而成，額定電壓為 170V，容量為 3.6Ah，額定輸出能量為 12.5kW，額定輸入能量為 8kW。大小為寬 260×長 540×高 160mm，重量約為 20kg。因此，能量的輸出密度為 600W/kg 以上，輸入密度為 390W/kg 以上。兩個電瓶的總電壓為 340V，額定輸出電壓 345V，輸出功率 25kW。因為電瓶共有 40kg 重，如圖 4-12 所示搭載在前座椅位下方，這樣的裝載位置對 TINO Hybrid 有降低重心的功用，對操縱安定性的提高有一定程度的貢獻。

　　在混合動力車上，SOC 的管理是一項非常重要課題，如果能夠對 SOC 做出正確而且廣泛的妥善管理，將可使得電瓶之能力能有效活用，有利於電瓶的小型化。由於鋰離子電瓶的充電容量與電壓之關係非常明確，利用電壓就可正確地管理 SOC，因此電瓶可以小型化。

　　對於高壓電安全性之確保在設計上充分考慮，對修護者之保護，將維修插頭亦收存於接線盒中。

圖 4-11　日產採用的是鋰離子電瓶

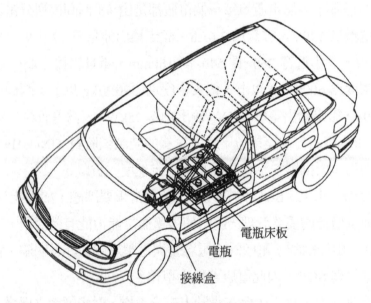

電瓶床板

電瓶

接線盒

圖 4-12　電瓶的搭載狀態

4-3　混合動力系統之控制

　　NEO HS 是並聯式的混合動力系統，各主要組件和控制系統之構成如圖 4-13 所示，電瓶、馬達、引擎、離合器、CVT 等組件的控制器(電腦)均各自獨立，最後的統合控制工作由混合動力控制器來負責。

　　系統在控制上與 PRIUS 同樣都是以輸出馬力比減少引擎的燃料消耗優先，馬達的使用是以補助功能爲主。另外，發電機與 CVT 也被用來負擔調整負載的工作，使引擎維持在最佳燃料消耗線運轉。

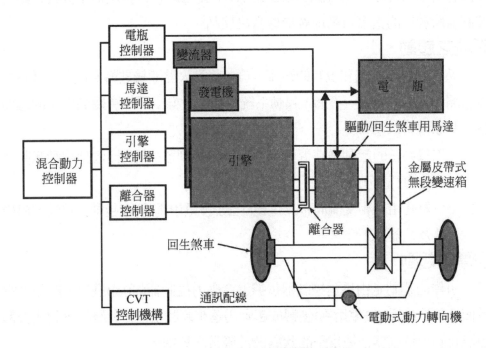

圖 4-13　NEO Hybrid 主要控制器的構成

4-3-1 系統之作動

動力系統的運作是依據車子的行車狀態來加以控制，例如在引擎效率差的起步及低速行駛時是使用馬達來行駛；在引擎效率較好的高速及高負荷時行駛則使用引擎；在特別需要大驅動力時，則採用馬達輔助引擎的方式來行駛；減速時，會使回生煞車功能作用；而暫停怠速運轉的功能則會在停車時作用。

電磁離合器的作動

電磁離合器在 OFF 時僅只有馬達作動運轉，ON 時則引擎加上馬達或者僅只有引擎來行駛。電磁離合器之 ON/OFF 是由離合器控制器依據混合動力控制器所發出的指令自動地做最適當之控制。

系統之起動

系統的起動方式和現有的汽車一樣，將點火開關鑰匙轉到起動位置(ST)後放開即可起動系統。不過，起動系統時並不會像去那樣會聽到引擎的起動聲，其原因有二：

1. 因為系統的起動是在混合動力系統的控制器(電腦)接收到起動訊號後即會自行啟動。
2. 引擎是由三相交流同步發電機(起動/發電用馬達)來起動，起動的肅靜性及性能高。

引擎之起動

引擎的起動是由馬達控制器依據混合動力控制器(電腦)發出來的起動指令使發電機(起動/發電用馬達)轉成起動馬達來起動引擎。引擎的發動與否都由混合動力控制器依據車子的狀態做最適當之控制。

　　當起動系統時，若引擎在冷車狀態，則引擎會被起動運轉，待預熱完畢之後，引擎則自動停止運轉。

起步、低速行駛時

　　在低負荷之起步或低速行駛時引擎是在停止狀態，僅使用馬達來行駛，其引擎燃料消耗率很低。在重負荷(節汽門開度大)時起步或低速行駛之場合，則是直接將引擎起動並使電磁離合器 ON，同時使用引擎和馬達來行駛。

一般行駛時

　　一般行駛是以引擎為主。一般行駛情況下，引擎的燃料效率在低速高負荷運轉較高，當行駛條件沒有達到某一程度以上的高負荷時，控制系統藉由調整發電機發電量之方式調整引擎轉速使其維持在最適當之負荷狀態（即最佳燃料消耗率線上運轉之負荷）。在此一情況下隨著行駛狀態的變化，引擎會為了能在最佳燃料消耗率下運轉而產生較車輛需用驅動力更多之能量，這些多餘的能量則經由帶動發電機轉成為電氣能量回收儲存到高壓電瓶。若是在無法回收之情況下，則利用 CVT 之變速控制來調整引擎之轉速來實現在最佳燃料消耗率線上運轉，以上之概念與現有車輛之比較如圖 4-14 所示。當馬達作動時，其運轉範圍也是依據電瓶之充電狀態來控制。

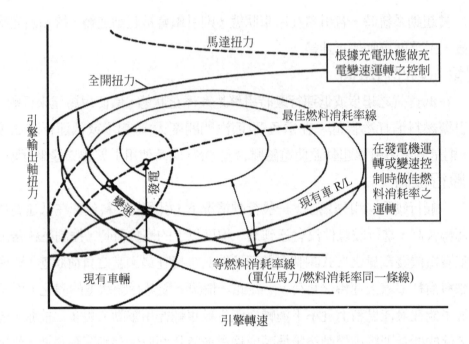

圖 4-14 現有車輛與 NEO HS 的引擎及馬達在運轉區域場合上的比較

高負荷時

引擎在最大馬力輸出而驅動力仍不足之高負荷時,則由高壓電瓶積極地供應電氣能量給馬達來增強整體之驅動力。

減速時

減速時,在引擎方面是將燃料切斷,另一方面驅動/回生煞車用馬達的功能會轉變成發電機,從通常捨棄不用的減速動能中將其中的一部份轉變為電能並回收儲存到驅動用電瓶。

此時的感覺和一般車輛不踩煞車是一樣的,不會有混合動力車之特別感覺。減速時(煞車時)之能量之回收量設定較少的狀態,在回收時之煞車油壓控制不產生作用,低速時之減速將電磁離合器 OFF,如較高速度時減速時將電磁離合器 ON 即能產生充分之引擎煞車效果。

要使引擎煞車效果較強時可將排檔選擇桿置於 L 之位置，即可得到更為強大之引擎煞車效果。

後退時

CVT 變速箱沒有設置倒檔，即為在後退時只有使用馬達來行駛，當然其馬達是反轉。

停止時

車輛停止時引擎則停止運轉，此即為在怠速時引擎停止，但是在電瓶必須充電時或空調壓縮機必須運轉時，與引擎暖車中等情況引擎則不停止運轉。

以上所述以行駛條件來區分引擎與馬達之使用情況，可以用圖 4-15 來表示，以道路坡度 0°為例，在低速時是使用馬達行駛，在中高速時則是使用引擎行駛。圖 4-16 所示是在 10-15 測試模式時 NEO HS 各部元件之作動概要，由圖亦可清楚地看出，低速行駛使用馬達驅動，中高速行駛使用引擎驅動的動力運用情況。

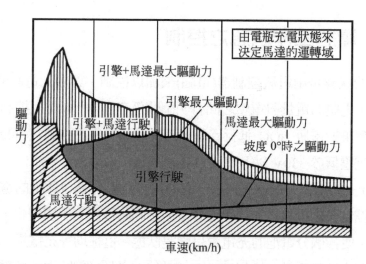

圖 4-15 在不同行駛條件下，引擎與馬達使用情形

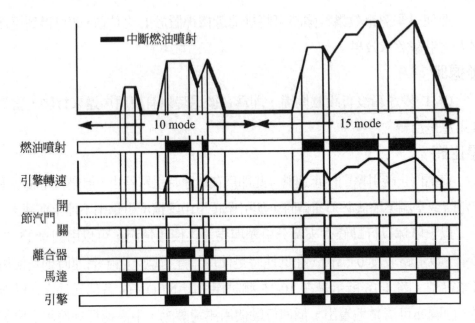

圖 4-16　在 10-15 mode 行駛型態下，各部之作動狀況

4-3-2　電瓶工作狀態之控制

　　電瓶的狀態是由電瓶控制器(電腦)來加以控制。對於充電狀態(SOC)，由於鋰離子電瓶的電量與電壓之間有明確關係存在，所以電瓶控制器直接使用電瓶電壓來對電瓶 SOC 進行管理，將行駛時的電壓控制在 300-400V 之間，並在電壓低於 330V 以下時自動開始充電。

　　TINO 上的兩個電瓶合起來共計有 96 分電池，每個分電池的電壓變化都受到電瓶控制器的監控，一旦發現分電池之間的電壓有不同變化，就會進行均等充電，使各個分電池的充電量呈均等狀態。這種均等充電是一種在行駛中自動實施充電的系統。比起 PRIUS 共有 240 個分電池，TINO 電瓶的分電池明顯少很多，這對電力的輸出及 SOC 的管理兩個方面均較為有利。

　　除了充電狀態之外，電瓶的溫度狀態也是一項極為重要管理工作。在高溫方面，電瓶溫度的控制是使用風扇及空氣流通管將室內之空氣導至電瓶使其冷卻，並維持在 60~70^{0}C 之工作溫度。在低溫方面則無做任何處置，因為鋰離子電瓶即使在－40^{0}C 時其功能仍可正常運作，因此沒有必要做任何控制，使用上不用擔心。

4-4　主要構成組件的配置位置

　　主要組件之配置位置概要如圖 4-17 所示，驅動用電瓶則利用 TINO 車之特徵，收放在車身中央下方，室內空間與標準車型完全一樣，為容納電瓶車身較高一些，但是對於人員之乘座姿勢完全沒有影響。

　　在引擎室中含有引擎及變速箱等之支架，並沒有為了安裝混合動力系統而特別改造。變流器是裝在變速箱上方的空間，所以當打開引擎蓋時所看到的不再只是汽油引擎而已，在 TINO 車上各機構之配置如圖 4-18 所示。引擎室中，位在引擎室的水箱位置上，在一般引擎冷卻水用之散熱器（水箱）與空調用冷凝器之間，加裝有一個馬達冷卻水用之散熱器，如圖 4-19 所示，這個情形在混合動力車上是極為常見。

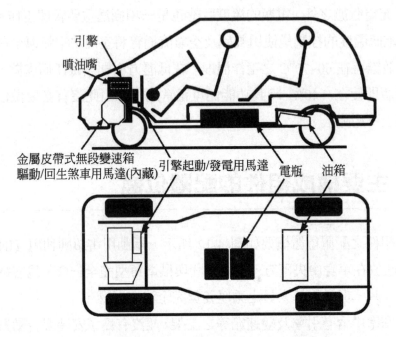

引擎
噴油嘴
金屬皮帶式無段變速箱
驅動/回生煞車用馬達(內藏)
引擎起動/發電用馬達
電瓶
油箱

圖 4-17 NEO HS 主要機件配置概要

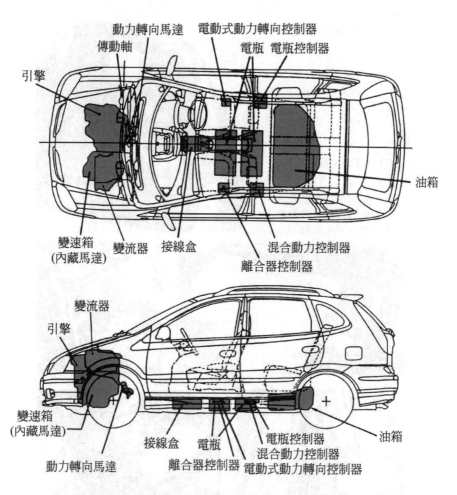

動力轉向馬達　電動式動力轉向控制器
傳動軸　電瓶　電瓶控制器
引擎
油箱
變速箱　變流器　接線盒　混合動力控制器
(內藏馬達)　離合器控制器

變流器
引擎
變速箱
(內藏馬達)
動力轉向馬達
接線盒　電瓶　電瓶控制器
離合器控制器　混合動力控制器
電動式動力轉向控制器
油箱

圖 4-18　各主要機件的配置狀態

[引擎室的狀態] ⟶

[NEO HS 部分構成組件] ↓

  1.變流器
  2.變流器冷卻水儲液筒
  3.變流器冷卻水散熱器
  4.引擎冷卻水儲液筒

圖 4-19　引擎室狀態和 NEO HS 部分構成組件

4-5　相關附屬配件

4-5-1　儀錶總成

混合動力車的儀錶總成在內容上大致和汽油車儀錶總成相同(如圖 4-20 所示)，不過它和 TOYOTA PRIUS 同樣另外具有 READY 燈和動力輸出限制警告燈(或稱為烏龜燈)這兩個指示燈，這兩個指示燈的功能和 TOYOTA PRIUS 上的完全一樣，請自行參考 TOYOTA PRIUS 一章之相關說明。

圖 4-20　TINO 混合動力車的儀錶

4-5-2　中央顯示器

如圖 4-21 所示，TINO 混合動力車在儀錶板的中央配有一個顯示器，它除了顯示系統的運作狀態之外，還可以以能量錶的方式顯示能量使用及回收的狀況，顯示能量狀態的歷程、保養資料…等訊息，提供駕駛人參考(圖 4-22 所示)。有關中央顯示器的顯示內容簡列如下：

1. 模式：以圖示的方式顯示各種行車模式時的系統的運作狀態。

2. 情報：顯示有關車輛的各種訊息，包括了(a)燃費情報、(b)保養資料 (maintenance data)、(c)旅行資料(Trip data) 等三個部份。其中，燃費情報是顯示能量錶及能量狀態的歷程；保養資料：顯示及設定引擎機油、機油濾清器、煞車油在下一次保養時應更換的里程。

3. 調整：車輛相關狀態的設定調整。

圖 4-21　顯示器

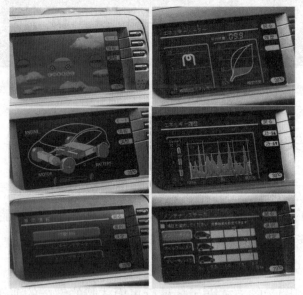

圖 4-22　顯示器的各種顯示內容

HYBRID ELECTRIC VEHICLES

5 本田混合動力車

5-1　概　要

目前 HONDA 的混合動力系統是裝在 INSIGHT (2WD)車上，其中 INSIGHT 已在 1999 年 9 月 6 日發表，並在同年 11 月開始正式向全世界銷售，如圖 5-1、5-2 所示，INSIGHT 油耗性能為 10-15mode，35.0 公里/公升(MT車)。

圖 5-1　採用混合動力系統的 INSIGHT　　　　圖 5-2　INSIGHT 的引擎室模樣

能使 INSIGHT 在 10-15mode 行駛油耗達到 35 km /l 的技術有二，一是以稀薄燃燒引擎為主體，電動馬達為動力補助機構所結合而成的 IMA 系統，二是採用全新的鋁合金車身骨架，使車體輕量化。對於節省燃油消耗的貢獻來說，以 CIVIC 來做為比較，IMA 貢獻度是 65%，車體輕量化的貢獻度是 35%。目標大幅削減 CO_2 的排放量，減少排放廢氣中有害氣體的含量，技術的概念如圖 5-3 所示。由於本書主要是在說明混合動力系統，因此以下將就 IMA 系統來加以介紹，對於鋁合金車身骨架部份不做說明。

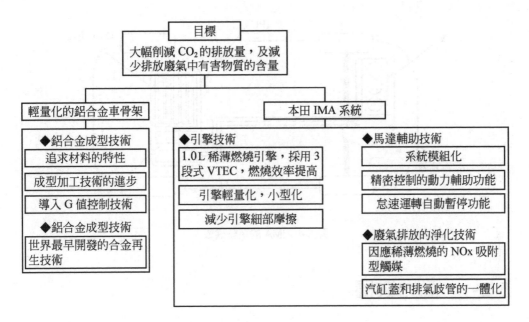

圖 5-3　INSIGHT 的省油技術概念

5-2　混合動力系統的構成

　　對於裝在 INSIGHT 上這種 2WD 型式的混合動力系統,本田公司將它稱
之為 IMA (Integrated Motor Assist)。IMA 是並聯式,採前輪驅動設計,系統
構成及主要元件的配裝情形如圖 5-4 所示,主要是由引擎(含 PGM-FI ECU)、
IMA 馬達、IMA 電瓶、及智慧型動力單元(Intelligent Power Unit,IPU)等組
成。IPU 包括了電瓶 ECU、馬達 ECU、動力控制器(Power Control Unit,PCU)
及相關的週邊零件,如電瓶和 PCU 冷卻風扇等。

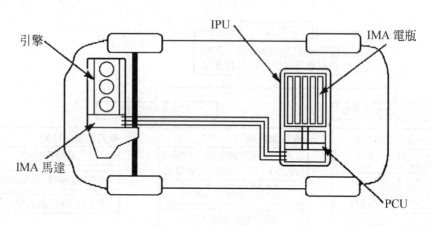

圖 5-4　IMA 的系統構成

5-2-1　動力裝置

　　IMA 系統動力裝置構造如圖 5-5 所示，由引擎+驅動用馬達+MT 或金屬皮帶式 CVT 構成，引擎及馬達與變速箱之間設有離合器。系統的主動力是排氣量 1.0L 的 3 汽缸 VTEC 稀薄燃燒汽油引擎，補助動力是以 144V 鎳氫電瓶為動力源的 DC 無刷馬達，以這樣的構成，在行駛性能上具有相當於配備 1.5L 引擎的能力。因為馬達不會單獨使用，因此不需要另外配備高電壓發電機。動力裝置的實體外觀，如圖 5-7 所示。

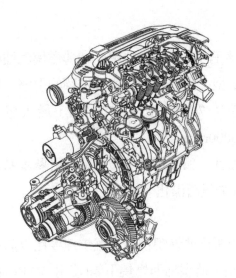

圖 5-5　動力裝置的構造(M/T)

分割型定子

輕量化轉子

圖 5-6　IMA 馬達本體

圖 5-7　動力裝置的外觀

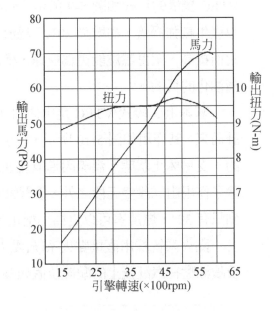

馬力

扭力

輸出馬力(PS)

輸出扭力(N·m)

引擎轉速(×100rpm)

圖 5-8　ECA 型引擎的性能曲線

（一）引擎

　　引擎為線列 3 缸 1.0L(950cc) 配備有 VTEC 的 SOHC 稀薄燃燒汽油引擎，空燃比 22~26，引擎型式為 ECA 型，是一款採用奧圖循環的引擎，性能曲線如圖 5-8 所示，最大輸出馬力 70PS(51kW)/5700rpm，最大扭力 9.4kg-m(92N-m)/4800rpm，最高轉速 6000rpm。

　　4 汽缸引擎的第 4 汽缸由馬達來取代，為了提高燃費性能，引擎本體徹底的輕量化/小型化/低摩擦化，使排放廢氣清潔化。

1. 省油技術

　　引擎採用 3 段式 VTEC 的新稀薄燃燒技術，燃燒速度比以前更快，因此擴大可以稀薄燃燒範圍，舊型稀薄燃燒引擎(使用 VTEC-E)的稀薄燃燒最大空燃比為 23：1，新型的擴大到了 26：1，新舊兩型 VTEC 機構的比較如圖 5-9 所示，新型的吸進氣孔道較舊型垂直，可以產生較強渦流，約增強 20%。渦流增強，加上壓縮比因燃燒室小型化而提高，使得燃燒能更為快速，稀薄燃燒範圍因而得以擴大，達到省油化的目的。

　　基本上 3 段式 VTEC 是由使用在喜美(CIVIC)的 VTEC-E 變更設計而來，其作用如圖 5-10 所示，在引擎低速時，VTEC 二支進氣門中的一支呈休止狀態，渦流因進氣流速的加快而獲得強化(如圖 5-11)。除了作用由二段變三段之外，搖臂軸的單支化讓進排氣門的夾角縮小到只有 30º，燃燒室可以更為小型化。

　　點火系統採用直接點火系統(點火器內藏在點火線圈中)，火星塞及噴油嘴在汽缸蓋上的配置位置如圖 5-12 所示，實施檢修非常方便。

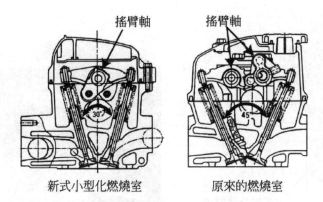

圖 5-9　新、舊兩型 VTEC 機構

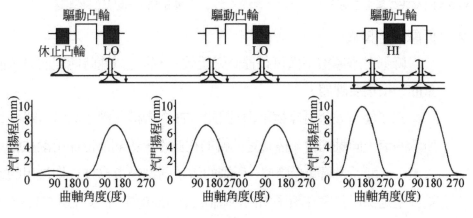

圖 5-10　3 段式 VTEC 的作用

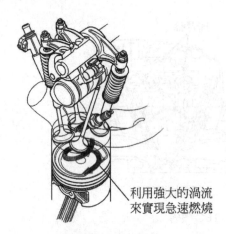

利用強大的渦流
來實現急速燃燒

圖 5-11　VTEC 產生之渦流

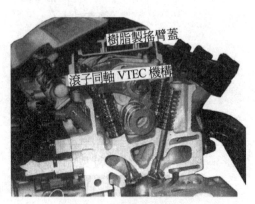

樹脂製搖臂蓋

滾子同軸 VTEC 機構

圖 5-12　汽缸蓋的構造圖

2.　低摩擦化技術

　　　　降低引擎摩擦不僅可以提高燃燒效率，也是減速時能回收更多能量的一項重要課題。

　　　　為了能有效降低摩擦阻力，因此 VTEC 機構在構造採用如圖 5-13 所示的滾子同軸搖臂。搖臂是凸輪的從動件，接觸部位採用滾柱軸承式滾子，可以大幅減少摩擦。所謂的滾子同軸是指 VTEC 切換用的連結柱塞是採用內藏在滾子內的內軸(inner shaft)構造(參考圖 5-11)，可使搖臂小型輕量化，降低質量慣性。

　　　　此外，汽缸中心和曲軸採偏置的配置構造可以來減少活塞的運動摩擦阻力。為了確保活塞側面上的油膜效果，減少和汽缸壁之間的摩擦阻力，活塞兩側表面上均施以微細凹孔(micro-dimple)加工。

3.　小型輕量化技術

　　　　除了前面已提過的汽缸蓋和燃燒室的小型化之外，使用鋁合金製汽缸體及厚度更薄的缸套，使整個引擎更為輕量化和小型化。連桿採用的是鍛造製品,表面並施以滲碳強化處理,如此可使重量較過去減輕約 27%(348→258kg)。

排氣側的搖臂是鋁合金製品,進氣歧管/搖臂室蓋/皮帶盤為樹脂製品,引擎可以進一步輕量化。樹脂製的進氣歧管安裝樣子如圖 5-14 所示。至於油底殼則是鎂合金製品。鎂合金密度約為鋁合金 60%,具有重量輕的優點,但傳統上有耐熱性較低的缺點(約 120°C),現今已成功開發出耐熱性提高到約 150°C 的新型鎂合金,因此在較為高溫的油底殼採用了新型鎂合金製品。這使得油底殼的重量比起使用鋁合金約可減輕 35%。

圖 5-13　滾子同軸搖臂　　　　　　圖 5-14　樹脂製的進氣歧管

4. 排氣清淨化技術

在排氣淨化方面,INSIGHT 在開發時就將日本預定自 2000 年 10 月起開始實施的平成 12 年廢氣排放法規列入考慮,因此在廢氣排放的相關對策上,特別是稀薄燃燒在 NOx 的淨化和促進觸媒暖機的課題上投入了新的技術,INSIGHT 不但適用 LEV(Low Emission Vehicle) 的標準,並保有 50%以上的餘裕。

　　新開發的 NOx 吸附型觸媒能將稀薄燃燒運轉時大量排出的 NOx 加以吸附，在理論空燃比運轉時利用 CO、HC 還原作用將 NOx 還原淨化成 N_2，概念圖如圖 5-15 所示。NOx 吸附型觸媒轉換器，如圖 5-16 所示。

　　為了因應新廢氣排放法規的規定，起動後的廢氣排放淨化能力就成為了能否符合新法規的重要關鍵所在，因此如何利用排氣高溫來促進觸媒快速達到工作溫度使觸媒提早產生淨化作用就變得非常重要。將排氣歧管和汽缸蓋的一體化正是利用排氣高溫來促使觸媒快速達到工作溫度的一項新技術。一般汽缸蓋上各缸的排氣孔道和排氣管的連接是在兩者之間設置一各缸排氣通道各自獨立的香蕉狀排氣歧管，在這個引擎上則是如圖 5-17 所示將此一部份集中在汽缸蓋內，使放熱的面積縮小以降低排氣的熱損失，如此可促進觸媒快速達到工作溫度，使觸媒提早產生淨化作用，同時也實現了零件的輕量化及系統的合理化。

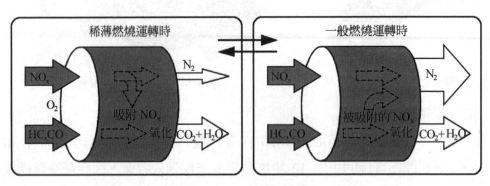

圖 5-15　NOx 還原淨化概念

圖 5-16　NOx 吸附型觸媒轉換器

圖 5-17　和排氣歧管做成一體的汽缸蓋

（二）馬達

　　IMA 系統係採用 DC 無刷馬達來供應輔助動力，馬達在系統中的安裝位置如圖 5-18 所示裝在一般引擎的飛輪部位上，轉子的一端和曲軸直接連結，另一端則用來連接飛輪。

　　在第二章已說明過 DC 無刷馬達所代表的意義包括了使用馬達的型式及控制架構，馬達的型式爲附轉子位置感知器的三相交流同步馬達，控制架構則是採用自我控制模式的馬達控制器＋變流器來驅動馬達運轉。IMA 系統的主要特點在於不要求馬達出力要大，這是因爲在系統架構上是利用馬達來取代四缸引擎的最後一缸的功能，因此動力裝置的構造比較簡單，馬達也能夠小型化，同時降低馬達電力的需求。

　　使用在 INSIGHT 上的是一個稱爲 MF2 型的交流同步馬達，構造如圖 5-19 所示，其厚度只有 60mm，額定電壓 144V，最高出力 10.0kW(13.6PS)/3000 rpm (MT 車)，最大扭力 49.0N-m(5kg-m)/1000rpm(圖 5-20)。因此，INSIGHT 的馬達最大扭力 5kg-m 遠比前面提過的 PRIUS 的 31 kg-m 要來得小。

　　由於沒有使用發電機，再加上馬達的小型化，所以 IMA 系統能夠有效地輕量化。此外，在馬達改良上也使用很多的技術，如轉子的永久磁鐵採用高耐熱的釹元素(Neodymium，Nd，一種稀土元素)系以去蠟鑄造法(lost wax，或稱包模鑄造法)製造而成(可比過去輕 20%)，定子是分割型的突極集中繞組，配線集中配電匯流排…等，使用這些技術後可提高磁束密度，和過去的馬達相比約提高了 8%。

這個馬達除了另外當作回生煞車使用之外，也用來作為引擎起動用的起動馬達。引擎自動停止怠速運轉後的再起動是由馬達轉變成起動馬達的功能來加以起動。由於 INSIGHT 是一款要輸出到世界各地車種，對於引擎在天氣極為寒冷時的起動性能必須要加以考慮，因此在圖 5-5 上仍可看到 12V 系統的起動馬達，使引擎在極低溫及高壓電瓶充電不足時，仍可以使用一般 12V 的起動馬達來起動。

圖 5-18　直接結合在曲軸上的 IMA 馬達

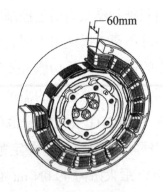

60mm

圖 5-19　IMA 的 MF2 型馬達

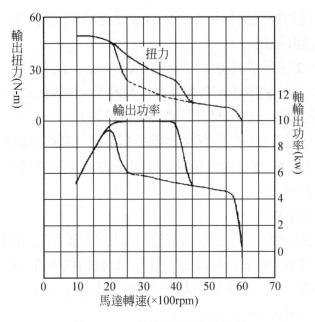

圖 5-20　MF2 型馬達的性能曲線

（三）變速箱

IMA 系統搭配使用的變速箱，可分爲手排變速箱(MT)和無段變速箱 (CVT)兩種。MT 車採用的是 5 速手排變速箱，離合器爲普通的乾式單膜片彈簧式，以油壓操作。CVT 則是使用一般市售車也有搭載的 Multimatic 無段變速箱。

如圖 5-21 所示，Multimatic 是一款和富士重工速霸陸(SUBARU)ECVT 及日產 NCVT 同樣都是使用金屬驅動帶的無段變速箱，不過 Multimatic 在構造上和 ECVT、NCVT 主要有下列幾點不同：

1. 前進離合器是使用電子控制的油壓濕式多片自動離合器，不是使用電磁離合器。

2. 前進離合器是裝在被動帶輪的輸出軸和最終減速齒輪機構之間。

3. 前進後退切換機構採用和傳統自排變速箱相同的油壓濕式多片離合器及行星齒輪組。

在 INSIGHT 上所搭載使用的這一款 Multimatic 是本田專為 IMA 系統所設計(圖 5-22)，由一般本田市售車上所搭載的 Multimatic 改良而來，除了上列的三項主要特點外，它還具有下列幾項特點如下：

- 採用全電子控制的高精度油壓控制系統，驅動帶輪(輸入軸帶輪)側和被動帶輪(輸出軸帶輪)側的油壓分別由電腦直接控制，油壓控制獲得改善。
- 降低油壓負荷。
- 將變速箱油(ATF)的潤滑最佳化，減輕油泵負荷和攪拌損失。
- 為了縮小金屬驅動帶傳動的節徑，帶輪輪軸的構造經電腦解析後將直徑縮小，這樣除了有助於對變速箱小型化之外，並可增加變速比的範圍(Ratio Range)。
- 除了帶輪輪軸之外，差速器殼的構造也是使用電腦解析來加以輕量化。
- 採用高精度的小型線性電磁閥，可輕量化。
- 採用樹脂製成的油底殼，可輕量化。

前面幾章中的說明中已經介紹過金屬驅動帶式 CVT 的變速操作是利用控制帶輪油壓來改變驅動帶輪和被動帶輪的溝槽寬度改變金屬驅動帶在帶輪溝槽中的位置，達到改變金屬驅動帶(鋼帶)的有效傳動節徑，完成無段變速之工作。使用在 INSIGHT 上的這個 Multimatic 在變速控制上是由 Multimatic 控制電腦依據節氣門開度及車速的變化透過線性電磁閥對帶輪油壓做高精度的控制，使傳動效率提升，發揮變速換檔沒有振動及行駛順暢的理想變速特性，同時能有效地使引擎做最適當的燃燒，降低燃料的消耗。由於這個無段變速箱具有這樣的特點，加上輕量化及高效率化，因此能發揮相當優良的省油性能。

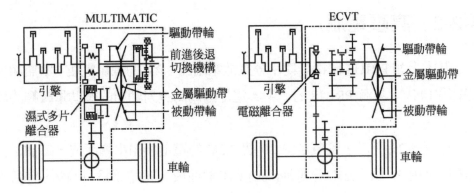

圖 5-21　本田 Multimatic 和 ECVT 之比較

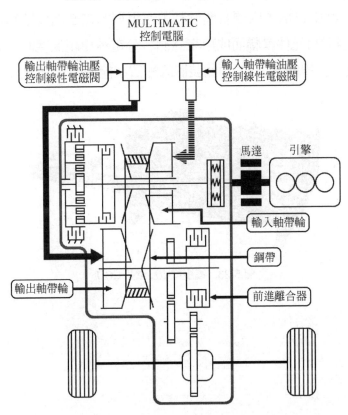

圖 5-22　本田 INSIGHT Multimatic 變速箱內部構造示意圖

5-2-2　高壓電瓶

　　基本上和 PRIUS 同樣是使用分電池電壓為 1.2V 的鎳氫電瓶。電瓶額定電壓為 144V，只有 PRIUS 的一半，這是因為馬達對動力的輔助量較輕的緣故。

　　如圖 5-23 所示，電瓶是由 20 個 7.2V 的電池模組串聯而成，每個電池模組則是由 6 個 1.2V 分電池(cell)所串聯而成，總電壓為 144V，容量為 6.5Ah。電瓶的重量相當的輕，約為 20kg。電瓶的內部構成及接線情況如圖 5-24 所示，其中包括了內藏有四個熱敏電阻型的電瓶溫度感知器，以及由 PTC(正溫度特性)元件串聯而成用來感測各分電池模組溫度的分電池溫度感知器。電瓶及其周圍的 IMA 相關裝置的配置狀態如圖 5-25 所示。

圖 5-23　高壓電瓶及電瓶 ECU

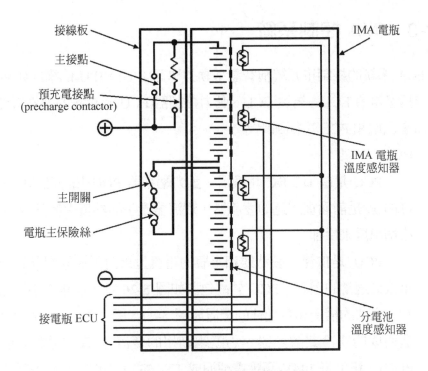

接線板
主接點
預充電接點
(precharge contactor)
主開關
電瓶主保險絲
接電瓶 ECU

IMA 電瓶
IMA 電瓶
溫度感知器
分電池
溫度感知器

圖 5-24　高壓電瓶相關配線的狀態

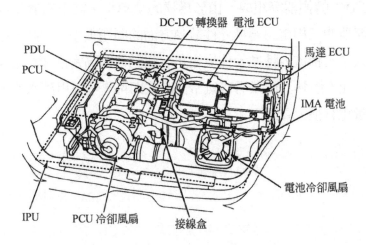

DC-DC 轉換器　電池 ECU
PDU
PCU
馬達 ECU
IMA 電池
電池冷卻風扇
IPU　PCU 冷卻風扇　接線盒

圖 5-25　電瓶周邊與 IMA 相關裝置的配置

5-2-3 IMA 控制系統

IMA 系統的控制單元統稱智慧型動力單元(IPU)，IPU 的構成如圖 5-25 示，包括了電瓶 ECU、馬達 ECU、動力控制器(PCU)及相關的週邊零件，如電瓶冷卻風扇和 PCU 冷卻風扇等。

1. PCU

PCU 是由 DC-DC 轉換器、動力驅動器(PDU)和散熱器所組成。PDU 就是前面提到過的變流器，變流器產生的熱量由散熱器和 PCU 冷卻風扇來冷卻。

PCU 是依據行駛狀態和電瓶的電流量來對馬達的驅動和回生煞車做最適當的控制。PCU 外觀包裝如圖 5-26 示，採集中小型化的設計。內部的構造和各元件的配置如圖 5-27、圖 5-28 示，由鎂合金鑄造而成的空冷式散熱器、馬達驅動用的變流器(或稱為動力驅動器 PDU)、和可將 144V 高壓電轉換成 12V 電力以供應 12V 系統用電的 DC-DC 轉換器等組成。由於馬達的功率小，需用的變流器容量小，變流器的三相電力轉換元件散熱方面的問題很小，因此，在變流器上投入了三相電力轉換元件模組化，驅動電路高密度 IC 化等小型化技術，加上散熱方面只需空氣冷卻冷式即可，不需用到水冷，這些對於輕量化有很大貢獻。

圖 5-26　一體化的 PCU

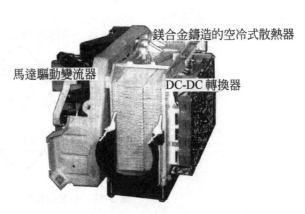

鎂合金鑄造的空冷式散熱器

馬達驅動變流器

DC-DC 轉換器

圖 5-27　PCU 的內部構造和各單元的配置 1

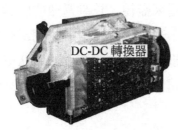

DC-DC 轉換器

圖 5-28　PCU 的內部構造和各單元的配置 2

2.　馬達ECU

　　在 PCU 之外，系統在控制上還配備了電瓶 ECU 和馬達 ECU，其中馬達 ECU 具有一項能抑制 3 汽缸引擎運轉的扭力變動的特有控制功能，稱為「振動抑制功能」，如圖 5-29 示。這項控制能依據引擎扭力產生的變動狀況，由馬達提供反相位的扭力來抑制振動，只需要用很少的電力就可以得到大的振動抑制效果。

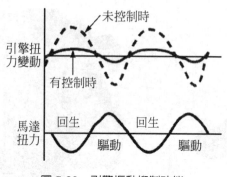

圖 5-29 引擎振動抑制功能

3. 電瓶ECU

　　　電瓶控制器(ECU)的功用是用來監視、控制電瓶的狀態,包括電瓶的充電狀態(SOC)及溫度狀態。充電狀態是透過監測電瓶電壓和電流的方式來以控制;溫度狀態則根據內藏在電瓶中的電瓶溫度感知器及分電池溫度感知器來感測,當電瓶溫度過高時,即會驅動電瓶冷卻風扇予與散熱。

5-3　系統的基本運作

　　　系統的控制方塊圖如圖 5-30 所示。使用 IMA 系統的 INSIGHT 和普通汽車一樣是靠引擎行駛。馬達只是在引擎的驅動力不足時擔任支援的角色。因此,馬達和電瓶等電力設備以使用輸出性能小的較佳,這樣在構造上可以具有小而輕的特點。

　　　由於驅動上完全是以引擎為主體,因此不需要再另外設置單獨使用馬達驅動的行駛範圍。馬達只有在車子加速及高負荷行駛等情況下而且引擎動力不足時才會作動來補充動力。IMA 系統性能曲線如圖 5-31 所示,灰色區域是引擎在加入了馬達動力後所提升之性能。

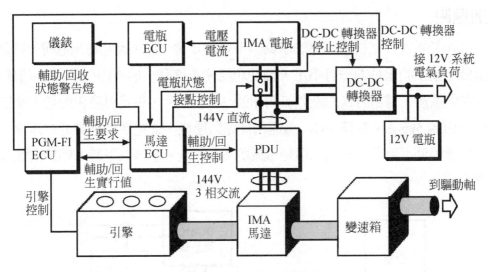

圖 5-30　控制系統方塊圖

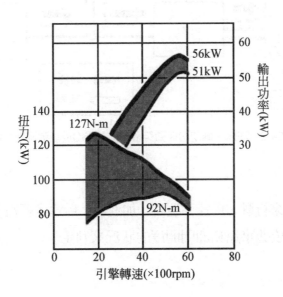

圖 5-31　IMA 系統性能曲線

加速時

由於馬達只在引擎產生的驅動力不足時才會作動，因此在加速時，只要引擎所產生的驅動力一有不足，輔助功能便會啟動，形成由引擎+馬達驅動行駛的型態，這個時候的能源流向如圖 5-32 所示，馬達可產生的最大輸出扭力約為 5kg-m。馬達 ECU 檢測出加速狀態後，從電瓶供給電能給馬達，由馬達輔助引擎動力輸出。但是電瓶的 SOC 在一定值以下時，輔助功能就會停止。

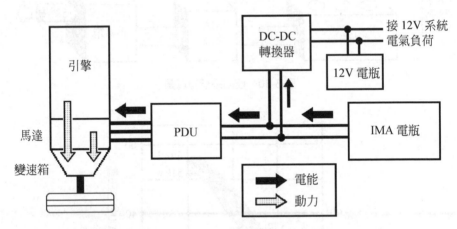

圖 5-32 加速，輔助功能動作時的動力輸出及能源流向狀態

定速行駛時

只使用引擎來行駛，馬達不運轉。加速時，馬達是否需要立刻再次作動來補充動力，是依據車速和油門開度的狀況來判定。

減速時

　　減速時，回生煞車功能作用，馬達變成發電機，將一般車輛都捨棄不用的減速煞車能量(動能)轉換成電能回收儲存到高壓電瓶中。不過，當電瓶的SOC 在一定值以上時回生煞車功能會停止作用。

停車時

　　通常在車輛停止行駛時(如停紅綠燈、塞車及引擎熱車後未起步行駛時)引擎會自動停止怠速運轉(怠速運轉自動停止系統作用)，但是，有時候在某些條件下不會停止，例如 SOC 低於某一定值以下時。

　　當車子要重新起步時的引擎再起動，是由和曲軸直接連結的 IMA 馬達來執行引擎起動工作，不過在極低溫以及電瓶的 SOC 較低時，引擎會由另外設置的 12V 起動馬達來起動。

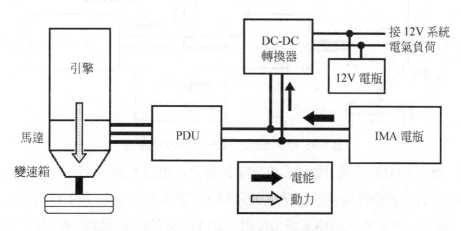

圖 5-33　定速時的動力輸出及能源流向狀態

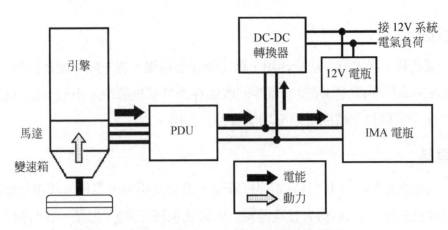

圖 5-34 減速時的動力輸出及能源流向狀態

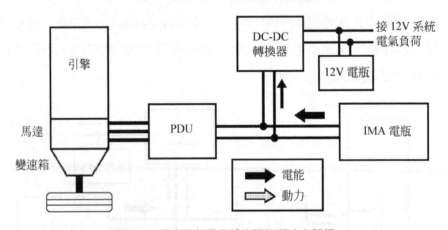

圖 5-35 停車時的動力輸出及能源流向狀態

　　總之，IMA 系統引擎能提高效率的概念可用圖 5-36 來表示，定速行駛時引擎是以省油性能佳的稀薄燃燒運轉，因此有時會有扭力不足的情形產生，而扭力不足的部份由馬達來提供。當在高速高負荷運轉範圍，由於馬達並不適合使用，這時系統會在暫不考慮燃料消耗的情況下，改變引擎的空燃比，並利用 VTEC 機構來改變汽門的開關時間，使引擎能以高馬力運轉，馬達純粹只擔任的動力輔助工作。

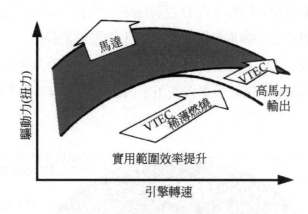

圖 5-36　IMA 系統提高引擎效率的概念

5-4　相關附屬配件

儀錶總成

　　和一般傳統車子一樣，儀錶位在駕駛座的正面前方，由儀錶指示內容上可令人感受到展現省油車和混合動力車的意識，如圖 5- 37 所示。儀錶的左側方是轉速錶，圓形刻劃上的最大刻度為 7000rpm，在刻劃的左右兩端則分別是自動怠速停止之指示區和水溫錶。中間是的數字是車速錶，車速錶的右側是汽油錶，以及一般車子上所沒有的混合動力 IMA 系統的作動狀態指示錶和 IMA 的電瓶能量殘量錶，在車速錶下方的是簡稱為 FCD(Fuel Consumption Display)的燃料消耗計，可同顯示行駛中的瞬間燃料消耗率和累計的平均燃料消耗率(單位 km/l)，如圖 5-38 所示。

　　累計平均燃料消耗率的顯示有里程(TRIP)連動模式和任意區間模式兩種模式，可由 FCD 選擇開關來加以選擇。里程連動模式所顯示的是車子行駛總累計里程的平均燃料消耗率，有 TRIP A/B/AUTO 三種顯示狀態，可由里程切換開關來選擇；當使用 FCD 選擇開關將模式切換到任意區間模式時，燃料消耗計會顯示由切換地點開始累計的平均燃料消耗率。

如前面所提 IMA 系統的馬達只是用來輔助引擎動力的不足，並不會如 Toyota Prius 和 Nissan Tino 般單獨使用，所以儀錶上沒有動力輸出限制警告燈(烏龜燈)。

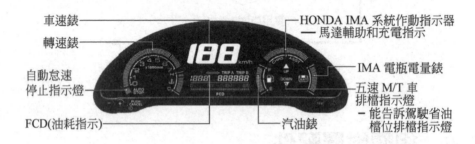

車速錶
轉速錶
自動怠速 停止指示燈
FCD(油耗指示)

HONDA IMA 系統作動指示器 — 馬達輔助和充電指示
IMA 電瓶電量錶
五速 M/T 車 排檔指示燈 — 能告訴駕駛省油 檔位排檔指示燈
汽油錶

圖 5-37 儀錶總成

●TRIP 連動的平均油耗表示
TRIP 表示　行駛距離
TRIP A
TRIP 連動 平均油耗　25.6 km/l　190.5
瞬間油耗　0　20　40　60

●任意區間的平均油耗表示
行駛距離
任意區間 平均油耗　29.0 km/l　153.5
瞬間油耗　0　20　40　60

圖 5-38 燃油消耗計(FCD)的顯示內容

HYBRID ELECTRIC VEHICLES

6 其他混合動力車

在前面幾章已針對 TOYOTA PRIUS、HONDA INSIGHT、NISSAN TINO 等混合動力車的相關技術做了一番介紹。然而，汽車界已將汽車油耗性能的短期目標訂在進入到 21 世紀時要能生產出 3 公升車，也就是生產出來汽車須達到一公升能行駛 33~34 公里以上的性能，因此，全球各主要車廠都投入各相關方面的研究，混合動力車正是其中能讓這個目標實現的一項，而日本在這方面的技術更是領先其他同業。所以接下來仍將以日本車廠為主來說明在上述車種之外其他車廠在混合動力車方面技術概要，同時也將介紹在 4WD 上的應用情形。

6-1　TOYOTA THS-C

HV-M4 迷你箱型車(Mini van，在台灣為休旅車) 如圖 6-1 所示，它採用是和 PRIUS 不一樣的全新混合動力系統。這輛汽車為 4WD，混合動力系統也是 4WD 專用，更能突顯出該系統特徵。由於這個混合動力系統 Toyota 公司採用獨立的無段變速箱(CVT)，所以稱為 THS-C(Toyota Hybrid System-CVT)。10-15mode 行駛模態的燃油消耗率目標為同級迷你箱型車的 2 倍。

HV-MV 在 2001 年 6 月正式成為 TOYOTA ESTIMA 車系的一員，開始對外銷售，並命名為 ESTIMA Hybrid。ESTIMA 即為台灣進口的 PREVIA 休旅車。

圖 6-1　搭載 THS-C 的 HV-M4

6-1-1　系統構成

　　THS-C 的系統構成如圖 6-2 所示，搭載在汽車上的狀態如圖 6-3 所示。前動力裝置由引擎+馬達+CVT 構成的雙單軸配置型並聯式混合動力系統，後動力裝置則只有和差速器做成一體的馬達。這個 4WD 系統是雖然以前輪驅動爲基礎，但其卻具有一項重要特徵，就是後輪的驅動沒有使用傳動軸(propeller shaft)和加力箱(transfer)，所以這個 4WD 系統稱爲 E-Four。至於馬達則比 PRIUS 來得更小。

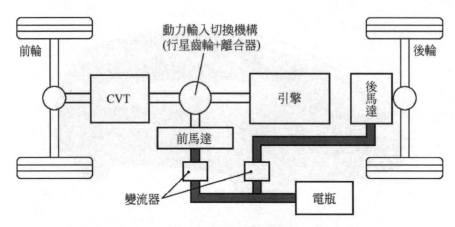

圖 6-2　THS-C 的系統構成

圖 6-3　THS-C 的車載狀態

1.　前動力裝置

外觀如圖 6-4 所示，搭載狀態如圖 6-5 所示。引擎為線列 4 缸 2.4L(2,362cc)的汽油引擎，和 PRIUS 一樣採用阿特金森循環(高膨脹比循環)。

變速箱採用獨立的皮帶式 CVT(連續無段變速箱)，如圖 6-6 所示。透過這個 CVT，由引擎和前馬達來驅動前輪。前馬達具有發電機機能，可對高壓電瓶充電。這個馬達不是 CVT 內藏式，從圖 6-6 就可以看出是外裝式。前馬達的冷卻方式是水冷+油冷。

2.　後動力裝置

　　外觀如圖 6-7 所示，搭載狀態如圖 6-8 所示，在構造上將馬達與
差速器齒輪做成一體，左右後輪是由從後馬達向左右伸出的驅動軸來
驅動。後馬達的冷卻採用油冷＋空冷的方式，因此在後動力裝置上具
有許多的散熱葉片。

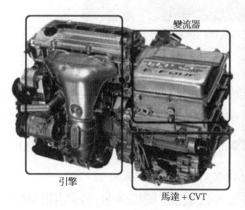

圖 6-4　THS-C 的前動力裝置

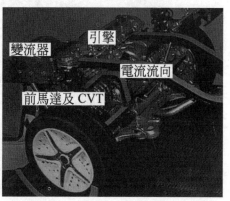

圖 6-5　THS-C 前動力裝置的車載狀態

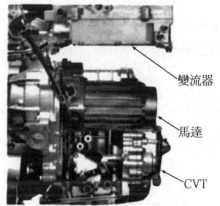

圖 6-6　THS-C 前動力裝置的 CVT 及馬達

圖 6-7　THS-C 後動力裝置

圖 6-8　THS-C 後動力裝置的搭載狀態

3. 電瓶

　　和 PRIUS 一樣是密閉式鎳氫電瓶，電瓶的分電池模組型式已從圓筒型變成四角型(圖 6-9)，四角型是圓筒型的改良型，每個分電池模組由 6 個 1.2V 的分電池(cell)串聯而成，額定電壓 7.2V，容量 6.5Ah，這些都沒有改變，但是重量從 1090g 減輕為 1020g。

　　由於形狀的改變，電瓶盒內部各分電池模組之間的放熱用間隙可以縮小，模組的固定架(Holder)也變得較為簡單，因此電瓶的總重量約減輕 20%，體積約減少 40%，能量密度則從 41Wh/kg 提高到 44Wh/kg，輸出密度從 500W/kg 提昇到 880W/kg。

　　事實上，TOYOYA 公司也已將使用在 PRIUS 上的高壓電瓶從圓筒型改為四角型的電瓶。

圖 6-9　分電池的形狀改良成角型的精裝化鎳氫電瓶

6-1-2　系統的動作

　　通常是以引擎驅動前輪來行駛，在電瓶必需要充電的條件下，馬達會做為發電機來使用，而引擎的輸出也會提高到有充電時所需要的馬力。

　　在引擎輸出的行駛驅動力不足的情況下，前馬達也要加入前輪的驅動。而在需要更大驅動力的必要條件下，後馬達也會作動，驅動後輪。各種行駛條件下，THS-C 的作動情況說明如圖 6-10 所示。除了引擎可暫停怠速運轉之外，因為回生煞車系統是一個四車輪二馬達的能源回收系統，所以能源的回收量增加。在容易滑動等路面行駛時的作動狀態如圖所示，4WD 的前後驅動力的分配比例控制也是以獨特的方法來實施，包括裝備了 VSC(Vehicle Stability Control System，車輛穩定性控制系統)及 TRC(Traction Control System，驅動力控制系統)。

6-1-3　HV-M4 也是一部電力供應車

在 HV-M4 上，車外有一個地方，車內有三個地方，裝了和家中一樣的 AC100V 電源插座。系統在行駛中、停車中都能供應 1.5kW 的發電量，所以無論是行駛中或停車時都可以使用 AC100V 的電器。

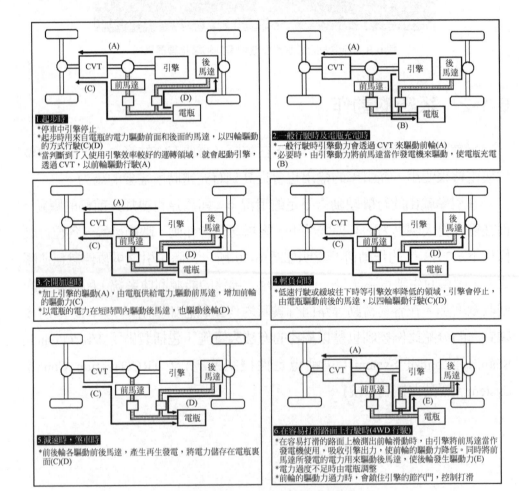

圖 6-10　THS-C 的系統動作狀態

6-2　三菱 GDI-HEV

目前三菱將混合動力系統搭載在 SUW ADVANCE 上 (圖 6-11)，SUW ADVANCE 的 10-15mode 測試油耗為 31.5 公里/公升。

三菱汽車將搭載混合動力系統的車輛稱為 GDI-HEV。GDI 是 Gasoline Direct Injection 的簡稱，是汽缸內汽油直接噴射的意思，也就是說三菱汽車在混合動力系統上使用的引擎是 GDI 引擎，有強調 GDI 技術的用意在。目前三菱汽車已成功發展出 1.1L 的 GDI 引擎，預計未來三菱汽車會將 1.1L GDI 引擎應用在混合動力系統上，使系統能小型輕量化，以利更小型車輛的使用，並因此能使油耗性能獲得大幅提升。

圖 6-11　三菱 SUW ADVANCE 是搭載混合動力系統的 GDI-HEV

6-2-1　系統的構成

GDI-HEV 的系統構成如圖 6-12 所示。採並聯方式前輪驅動，動力裝置由引擎+驅動用馬達+CVT 構成，引擎和馬達及 CVT 之間，亦即引擎驅動力的輸出端和 CVT 的輸出端都設有離合器，這是特徵之一。

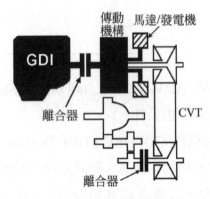

圖 6-12 GDI-HEV 的系統構成

圖 6-13 GDI-HEV 的動力裝置

1. 動力裝置

外觀如圖 6-13 所示，搭載在汽車上的狀態如圖 6-14 所示，引擎室的狀態如圖 6-15 所示。引擎為線列 4 缸 1.5L 直接噴射汽油引擎。使用超稀薄燃燒的 GDI 引擎。有的廠商則認為將超稀薄燃燒引擎當作混合動力系統用引擎的優點很少。

三菱汽車工業則強調是因為 GDI 才會成立混合動力系統，GDI 引擎具有超稀薄燃燒的優點。這款引擎的最高馬力是 77kW(105PS)/5000rpm，最大扭力為 140N-m(14.3kg-m) /3500rpm。CVT 為金屬皮帶式，內部構造和使用在 LANCER/VIRAGE 上 CVT 是完全相同的，也是採用電子控制變速，但是動力分割機構是使用電磁離合器取代扭力變換器。

動力傳輸控制機構由動力分割機構，傳動機構和馬達組成，位在引擎和 CVT 之間，即傳統變速箱扭力變換器的位置上。圖 6-16 是馬達內藏在動力傳輸控制機構上之情形。馬達具有的最高馬力為 12.0kW(16.3PS)，最大扭力為 147N-m(15.0kg-m)。這個馬達同時兼有發電機、起動馬達及回生煞車用發電機的功能。

2. 電瓶

　　採用鋰離子電瓶(圖 6-17)，每一個電瓶是由 40 個 3.6V 的鋰離子分電池(如圖 6-18 所示)串聯而成，額定電壓為 144V，容量為 4.0Ah，包裝後的外形尺寸為寬 175×長 400×高 125mm，重量約為 20kg。

圖 6-14　動力裝置的車載狀態

圖 6-15　SUW ADVANCE 的引擎室

圖 6-16　馬達和傳動機構一起內藏在 CVT 扭力變換器的部位上

圖 6-17　GDI-HEV 的鋰離子電瓶　　　　　圖 6-18　鋰離子電池單體

6-2-2　系統的作動

　　由於引擎和 CVT 的輸出端各設有一個離合器，因此驅動力可需要分別使用來自引擎，或馬達，或引擎+馬達的動力。搭配使用 GDI 引擎的主要原因有二，一是其起動性甚佳，二是可利用超稀薄燃燒(成層燃燒)使引擎作極低出力運轉。使用一般引擎的混合動力車，在起步及低速行駛時的馬達驅動領域要來起動引擎，引擎從起動到發動起來所花時間比 GDI 長，所以必須分出一部分的馬達輸出動力來起動引擎的時間較長。也就是說，車子在進行加速的同時，另一方面必須做長時間的引擎起動運轉。因此，為了讓人不會感到用馬達加速的性能不好，通常必須要提高馬達的馬力。

　　然而，GDI 引擎起動所需的時間只要 0.1 秒，時間甚短，也就是說分割一部分馬達動力用來起動引擎的時間非常短，引擎起動後，可直接協助馬達進行加速。因此，和使用一般引擎的混合動力系統相比較，可以使用馬力較低的馬達，馬達和電瓶的相關週邊電氣零件也可以小型輕量化，並降低成本(圖 6-19)。因為 GDI 引擎可以利用超稀薄成層燃燒以很少量的燃油來保持運轉，使引擎產生的扭力保持在相當小的程度，因而引擎起動時產生的扭力變動震動非常小，可以順暢地駕駛(圖 6-20)。即使是在電瓶充電而需由引擎驅動馬達(發電機)運轉時，GDI 引擎也能使用省油性佳的超稀薄成層燃燒來運轉，提高整個系統的省油性。

　　GDI-HEV 的基本行駛模式如圖 6-21 所示，說明如下：

(1)　起步模式(左上)：只使用馬達的動力。

(2)　一般行駛模式(右上)：低負荷時只用引擎行駛。

(3)　負荷模式(左下)：爬坡及加速等需要扭力的狀況由馬達輔助引擎。

(4) 回生模式(右下)：電瓶容量降低時在行駛中以引擎驅動來進行充電。

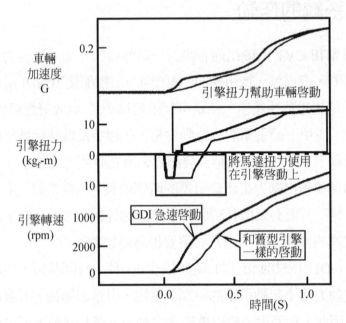

圖 6-19 GDI 引擎的起動特性

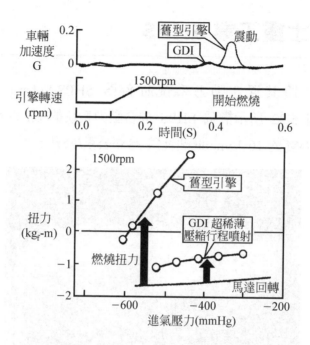

圖 6-20　GDI 引擎起動時的扭力震動與舊型引擎(MPI)之比較

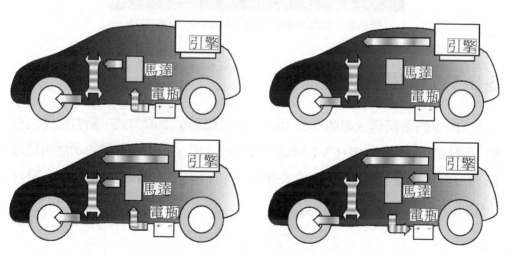

圖 6-21　GDI-HEV 的基本行駛模式

6-3　富士重工業 SHPS

富士重工將其混合動力系統命名為 SHPS(<u>S</u>ubaru <u>H</u>ybrid <u>P</u>ower <u>S</u>ystem)，在圖 6-22 所示搭載 SHPS 混合動力系統的 ELTEN CUSTOM。ELTEN CUSTOM 的 10-15mode 油耗為 33.0 公里/公升。

圖 6-22　搭載 SHPS 的速霸陸 ELTEN CUSTOM

6-3-1　整個系統的構成

SHPS 的系統構成如圖 6-23 所示。為前輪驅動並聯方式，動力裝置由引擎+驅動用馬達+發電機+CVT 構成，沒有離合器。自動離合器的功能由做為扭力分割機構使用的行星齒輪來兼任。動力組件的構造與舊型動力組件(i-CVT 車)比較如圖 6-24 所示。

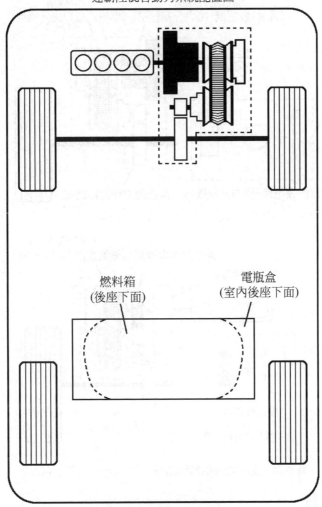

圖 6-23　SHPS 的系統構造

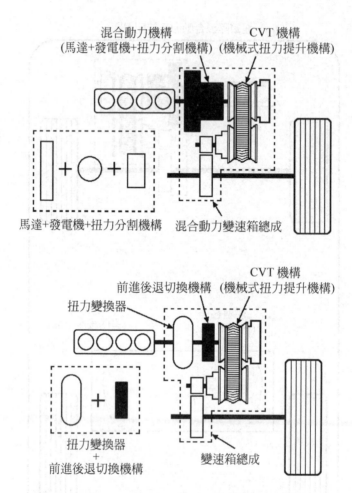

圖 6-24 動力組件的構造比較。上：SHPS，下：i-CVT

1. 動力裝置

外觀如圖 6-25 所示。引擎是以搭載在 PERO 上的線列 4 缸 658cc 的汽油引擎為基礎所變更設計而成的阿特金森循環引擎。最高出力為 31kW(42PS)/6000 rpm，最大扭力為 50N-m(5.1kg-m)/5000rpm。引擎上保留原有交流發電機。CVT 和市售車一樣為金屬皮帶式。

　　　　驅動用的馬達與發電機，都是永久磁鐵式同步電動機。驅動用馬達的最高馬力為 8.5kW(11.6PS)。扭力(動力)分割機構內藏在 CVT 的扭力變換器上。兩個馬達經過行星齒輪式的扭力分割機構，和引擎及 CVT 連接在一起。發電機除了發電的功能外，兼有起動馬達之功能，因此另外也稱為發電用馬達。

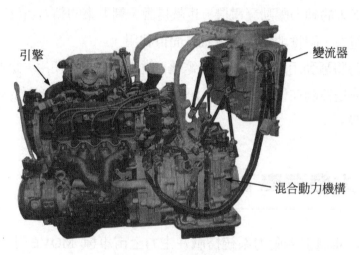

引擎

變流器

混合動力機構

圖 6-25　動力裝置的外觀

2.　電瓶

　　　　採用已經在混合動力系統上有實際績效的鎳氫電瓶，總電壓為 200V，搭載在後座下面。

6-3-2　系統的動作

　　引擎是由發電機(發電用馬達)來起動。車子起步行駛由引擎帶動發電機發電，並將該電力供應給驅動用馬達來驅動車輪。使用馬達來起步可以讓車子的起步行駛變得更為平順，這個領域稱為串聯模式(Series Mode)。

　　接下來的加速則是使用儲存在電瓶裏面的電能來驅動馬達繼續行駛。在需要更大驅動力時,再由引擎輔助。這個領域稱爲並聯補助(Parallel Assist)。一般行駛時則由引擎負責。這個時候,就可以看出變速箱總成(混合動力機構+CVT)的功能,它能使引擎以最少的燃料完成所要做的工作。

　　引擎是以燃料效率爲優先來作動運轉,所以會有動力剩餘下來,因此,使用剩餘下來的動力驅動發電機。也就是說,剩下來的動力並沒有丟掉,而是轉換成電力,確實地儲存在電瓶裏面再利用。

　　減速時將驅動用馬達切換成發電機,當作回生煞車使用。這個時候,引擎會停止或是控制在低轉速運轉。停車時爲暫停怠速運轉(Idling stop),防止燃料的浪費。

6-4　大發汽車 EV-H II

　　大發汽車將混合動力系統搭載在主力上市車種 MOVE 上。「MOVE EV-H II(Hybrid)」如圖 6-26、6-27 所示。採用全鋁鍛造車體,車輛重輌比不鏽鋼製減輕 180kg,總重爲 780kg,10-15 段(10-15mode)的燃油消耗測試可達 37 公里／公升。由於大發汽車是 TOYOTA 旗下的子公司,所以其混合動力系統的構成及運作方式都和 TOYOTA PRIUS 非常的近似。

圖 6-26　大發 MOVE EV-H II，是首度搭載混合動力系統的輕型汽車，同時具備並聯與串聯兩種機能，採用輕型全鋁製車身

圖 6-27　MOVE EV-H II 的引擎室

6-4-1　混合動力系統的構成

　　系統的構成如圖 6-28 所示，由圖可以看出它和 TOYOTA PRIUS 非常相似，主要元件包括引擎、發電機、馬達、動力分割機構、控制器和鎳氫電瓶等，搭載在車子上的狀態如圖 6-29 所示。驅動方式採串並聯(具有並聯和串聯兩種功能)前輪驅動方式。

1.　動力裝置

　　動力裝置是由引擎及變速箱總成所組成，外觀如 6-30 圖所示。引擎為專用設計的線列 4 缸 660cc 汽油引擎。採用阿特金森循環，還加入 DVVT(大發連續可變汽門正時機構)，可減低各部分的摩擦。最高出力為 30kW(40.8PS)/5000rpm，最大扭力為 57N-m(5.8kg-m)/5000rpm。

變速箱總成由驅動用馬達+發電機+動力分割機構+CVT 構成。馬達、發電機和其他公司一樣都是永久磁鐵式同步電動機，馬達的最高馬力為 18.0kW(24.5PS)。發電機同時用來做為起動馬達，而馬達也用來做為回生煞車用發電機使用。動力分割機構使用行星齒輪機構。馬達/發電機/動力分割機構/CVT，以及變流器全部一體化，使整組的體積精簡是特徵之一。

2. 電瓶

為鎳氫式，搭載在行李箱下面。總電壓從馬達的出力推定為 144V。

6-4-2 系統的作動

系統的作動和 TOYOTA PRIUS 非常相近，在起步及低速行駛時是由馬達驅動。引擎只有在馬達的驅動力不足時才會被起動，這時，馬達和引擎兩者的角色互換。

定速行駛時，引擎輸出的動力由動力分割機構適當地分成直接驅動車輪的驅動力和經由發電機再由馬達驅動車輪的驅動力，以提高省油性。

加速及高負荷時主要是由引擎驅動，必要時另外取用電瓶的電能來驅動馬達，增加驅動力。

車輛停止時暫停怠速轉運及減速時回生煞車的機能和 PRIUS 是一樣的。

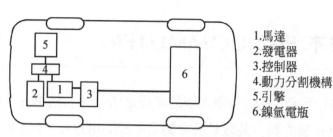

1.馬達
2.發電器
3.控制器
4.動力分割機構
5.引擎
6.鎳氫電瓶

圖 6-28　MOVE EV-H II 的系統構造。

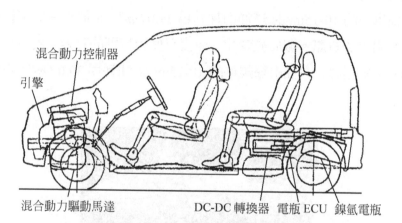

圖 6-29　構成組件的搭載位置

圖 6-30　混合動力驅動組件(動力裝置)

6-5　鈴木 Pu3 COMMUTER

如圖 6-31 所示，這是種兩人座的車種之所以命名為 Pu3 COMMUTER 是具有表示其搭載的動力裝置是混合動力系統的用意在。Pu3 就是搭載三種動力裝置的意思，包括了汽油引擎/混合動力系統/電動馬達等三種動力裝置。這種車子的 10-15mode 燃油消耗率為 39.0 km/l。車體重量的減輕對油耗的提高有很大的貢獻。關於輕量化，並沒有使用特別的材料，就實現了車輛重量 600kg 的目標。汽油引擎規格的 10-15mode 油耗為 35.0 km/l，車輛重量為 550kg。

圖 6-31　搭載並聯式混合動力系統的鈴木 Pu3 Commuter

6-5-1　混合動力系統的構成

Pu3 Commuter 用混合動力系統的構成及搭載狀態如圖 6-32、圖 6-33 所示。採並聯方式驅動前輪，其中在 CVT 的輸入端和輸出端兩個地方各設有一個離合器。

1. 動力裝置

　　由引擎+馬達發電機+CVT 等組成，外觀如圖 6-34 所示。引擎為線列 3 缸 660cc 的稀薄燃燒汽油引擎。馬達的最高出力為 7.5kW(10.2PS)，最大扭力大約為 50N-m(5kg-m)。這個馬達在減速時和電瓶需要充電時當作發電機使用。馬達的冷卻為水冷式。

2. 電瓶

　　採用鋰離子。由 64 個 3.75V 小電池(cell)串聯而成，總電壓為 240V。

6-5-2　系統的動作

　　起步時是使用馬達，在行駛中時視狀況由馬達來輔助引擎。因此，起步及低速行駛時使用馬達，中高速行駛時使用引擎。

　　起步只用馬達，在加速中途則起動引擎。引擎起動後，馬達會停止，必要時再輔助引擎。停車時的怠速運轉暫停及減速時的回生煞車和前面說明的理論是一樣。

　　CVT 輸入側的離合器，設有馬達輔助的 ON/OFF，輸出側的離合器在停車等必須變速時或 ABS 作動時會 OFF。也就是說輸出側的離合器不轉動，就不會改變的 CVT 變速比。

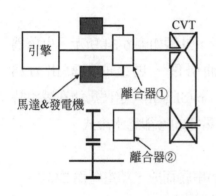

圖 6-32 Pu3 Commuter 混合動力系統構造

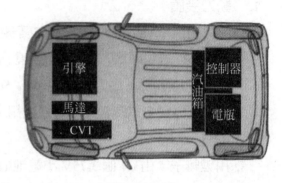

圖 6-33 混合動力車的構成零件位置

圖 6-34 動力裝置的外觀

6-5-3 EV-sport

正如其名,就是電動汽車的敞蓬跑車(圖 6-35)。固定支撐動力組件的車架採用鋁製的中空車架,重量減輕許多。EV-sport 的動力裝置,在型式上是將變速箱和馬達及控制器做成一體,由 GM (通用汽車)製造,這個動力裝置搭載在座椅後方,以車體中央的配置設計來驅動後輪(圖 6-36)。

　　電瓶為鎳氫式，搭載在車上離地最近的的位置，使重心降低，並集中慣性質量。結果，操縱安定性和迴旋性能提高，作為跑車的價值更高了。馬達以特有的大低速扭力驅動 16 吋輪子。0→400m 加速在 17 秒以下。煞車由回生煞車產生很大的效用，到這裏為止都還只是單純的 EV。

　　實際上，也搭載了 2 缸 400cc 的稀薄燃燒汽油引擎和 CVT，來驅動前輪。性能方面，最高出力 15kW(大約 20PS)/4500rpm，最大扭力 34N-m(大約 3.5kg-m)/3000rpm，重量 40kg。

　　但這個引擎只做為緊急引擎使用，它只在電瓶容量降低而無法以 EV 行駛時才起動。10-15mode 油耗性能為 35 公里/公升，大約可以行駛 1000 公里。和 HONDA 的 SPORCATE 一樣都是變種的混合動力車。

圖 6-35　鈴木 EV-sport

圖 6-36　EV-sport 的動力裝置

圖 6-37　前輪由引擎驅動，後輪由馬達驅動的 HONDA SPORCATE

6-6 總 結

　　今後混合動力系統將是會因爲被當作削減 CO_2 的方法而普及應用，特別是在引擎暫停怠速運轉功能方面。其構造有 FF(前輪驅動)、FR(後輪驅動)、4WD 等。今後仍將會不斷地改良，最後一定會有各種特徵的混合動力系統實用化，圖 6-38 所示即爲 TOYOTA 研發中的 THS-M 系統。

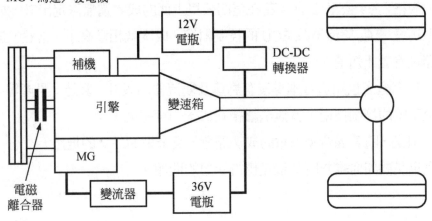

註：
　補機：冷氣壓縮機、動力轉向油泵等
　MG：馬達／發電機

圖 6-38　THS-M

　　在前面中曾提到，多數廠家認為使用 GDI 引擎做為混合動力車的主要動力源，其優點甚少，因而改用稀薄燃燒引擎或是阿特金森循環引擎。不過我們來檢驗一下當時此一看法被提出時的背景。在 GDI 引擎剛發展成功時的前幾年，當時最少排氣量的 GDI 引擎技術約在 2.0L 左右，而這正是 TOYOTA、NISSAN 等公司使用 GDI 引擎來開發混合動力車的時期，但是三菱汽車投入開發 GDI-HEV 時，已是採用 1.5L 的 GDI 引擎了，而三菱汽車更在 1999 年 9 月左右在市場上推出排氣量只有 1.1L 的 GDI 引擎，這也就是說，若能將 1.1L 的 GDI 引擎搭載在 HEV 上，則可有效改善 HEV 的省油性及降低污染量，所以重新將 GDI 引擎做為 HEV 的主要動力源，並非全然不可能。

　　另外，關於輕型汽車方面，成本是一個大問題。例如，以鈴木 Pu3 COMMUTER 為例，10-15mode 油耗，汽油引擎規格為 35 公里/公升，混合動力規格為 39 公里/公升，花在這四公里上面的成本還無法定出來，如果再加上馬達/電瓶/變流器及 ECU 的控制器等，成本就相當高了。當然，這也要實際試看看才知道。

　　汽車廠商也知道若本身沒有馬達及變流器的設計、製造、量產等技術，甚至系統的控制技術，就無法繼續在二十一世紀競爭。

　　但是，隨著混合動力車的成功開發，及未來 FCEV 的推出，二十一世紀的汽車又要如何維修呢？這是值得深思的問題。

國家圖書館出版品預行編目資料

混合動力車的理論與實際 / 林振江, 施
　保重編著. -- 三版. -- 新北市：全華圖
　書股份有限公司，2023.12
　　面　；　公分
　ISBN 978-626-328-789-1(平裝)

1. CST: 汽車

447.1　　　　　　　　　　112020028

混合動力車的理論與實際

編著／林振江、施保重

發行人／陳本源

執行編輯／蔣德亮

封面設計／楊昭琅

出版者／全華圖書股份有限公司

郵政帳號／0100836-1 號

印刷者／宏懋打字印刷股份有限公司

圖書編號／0507402

三版一刷／2023 年 12 月

定價／新台幣 400 元

ISBN／978-626-328-789-1(平裝)

全華圖書／www.chwa.com.tw

全華網路書店 Open Tech／www.opentech.com.tw

若您對本書有任何問題，歡迎來信指導 book@chwa.com.tw

臺北總公司(北區營業處)
地址：23671 新北市土城區忠義路 21 號
電話：(02) 2262-5666
傳真：(02) 6637-3695、6637-3696

南區營業處
地址：80769 高雄市三民區應安街 12 號
電話：(07) 381-1377
傳真：(07) 862-5562

中區營業處
地址：40256 臺中市南區樹義一巷 26 號
電話：(04) 2261-8485
傳真：(04) 3600-9806(高中職)
　　　(04) 3601-8600(大專)

歡迎加入 全華會員

● 會員獨享
　會員享購書折扣、紅利積點、生日禮金、不定期優惠活動⋯等。

● 如何加入會員
　掃 QRcode 或填妥讀者回函卡直接傳真 (02) 2262-0900 或寄回，將由專人協助
　登入會員資料，待收到 E-MAIL 通知後即可成為會員。

如何購買 全華書籍

1. 網路購書
　全華網路書店「http://www.opentech.com.tw」，加入會員購書更便利、並享
　有紅利積點回饋等各式優惠。

2. 實體門市
　歡迎至全華門市（新北市土城區忠義路 21 號）或各大書局選購。

3. 來電訂購
　(1) 訂購專線：(02) 2262-5666 轉 321-324
　(2) 傳真專線：(02) 6637-3696
　(3) 郵局劃撥（帳號：0100836-1　戶名：全華圖書股份有限公司）
　※ 購書未滿 990 元者，酌收運費 80 元。

OpenTech 全華網路書店

全華網路書店 www.opentech.com.tw
E-mail: service@chwa.com.tw

OpenTech.com.tw

讀者回函卡

掃 QRcode 線上填寫 ▶▶▶

姓名：

生日：西元　　　　年　　　月　　　日　性別：□男 □女

電話：（　）　　　　　　　手機：

e-mail：（必填）

通訊處：□□□□□

學歷：□高中・職　□專科　□大學　□碩士　□博士

職業：□工程師　□教師　□學生　□軍・公　□其他

學校／公司：　　　　　　　　　　　　　科系／部門：

・需求書類：

□ A.電子 □ B.電機 □ C.資訊 □ D.機械 □ E.汽車 □ F.工管 □ G.土木 □ H.化工
□ I.設計 □ J.商管 □ K.日文 □ L.美容 □ M.休閒 □ N.餐飲 □ O.其他

・本次購買圖書為：　　　　　　　　　　　　　書號：

・您對本書的評價：

封面設計：□非常滿意　□滿意　□尚可　□需改善，請說明

內容表達：□非常滿意　□滿意　□尚可　□需改善，請說明

版面編排：□非常滿意　□滿意　□尚可　□需改善，請說明

印刷品質：□非常滿意　□滿意　□尚可　□需改善，請說明

書籍定價：□非常滿意　□滿意　□尚可　□需改善，請說明

整體評價：請說明

・您在何處購買本書？

□書局　□網路書店　□書展　□團購　□其他

・您購買本書的原因？（可複選）

□個人需要　□公司採購　□親友推薦　□老師指定用書　□其他

・您希望全華以何種方式提供出版訊息及特惠活動？

□電子報　□ DM　□廣告 （媒體名稱　　　　　　　　　　）

・您是否上過全華網路書店？（www.opentech.com.tw）

□是　□否　您的建議

・您希望全華出版哪方面書籍？

・您希望全華加強哪些服務？

感謝您提供寶貴意見，全華將秉持服務的熱忱，出版更多好書，以饗讀者。

填寫日期：　　　／　　　／

註：數字零，請用 Φ 表示，數字 1 與英文 L 請另註明並書寫端正，謝謝。

2020.09 修訂

親愛的讀者：

感謝您購買全華圖書的支持與愛護，雖然我們很慎重的處理每一本書，但恐仍有疏漏之處，若您發現本書有任何錯誤，請填於勘誤表內寄回，我們將於再版時修正，您的批評與指教是我們進步的原動力，謝謝！

全華圖書　敬上

勘　誤　表

書　號			
頁　數	行　數	書　名	作　者
		錯誤或不當之詞句	建議修改之詞句

我有話要說：（其它之批評與建議，如封面、編排、內容、印刷品質等・・・）